普通高等教育"十三五"规划教材

环境工程专业实习指导书

韩智勇 刘 静 廖 兵 史 瑞 编著

HUANJING GONGCHENG
ZHUANYE SHIXI ZHIDAOSHU

化学工业出版社

·北京·

《环境工程专业实习指导书》首先介绍了实习内容，然后按章节分别介绍了：环保在线监测设备制造与系统集成实习、玻璃纤维生产企业实习、电子废弃物处理企业实习、啤酒生产企业实习、生活污水处理厂生产实习、固体废弃物卫生处置场实习、城市生活垃圾焚烧发电厂实习。结合具体案例提出各实习目的、实习重点、实习准备，并设置了分组讨论、实习要求及拓展阅读材料等环节。

　　通过本书的学习，增强学生在污水处理工艺、废气污染控制、固体废物焚烧与填埋处理处置和环境分析与监测技术方法等方面的专业素养。课程以学生为学习主体，结合课前资料查询、课堂讲授、现场实践、小组讨论、汇报总结等教学方式，培养学生理论联系实际，发现问题、分析问题及解决问题的能力。

　　本书适用于高等学校环境工程专业本科生学习使用，也可供从事相关行业的工程技术人员参考。

图书在版编目（CIP）数据

　　环境工程专业实习指导书/韩智勇等编著. —北京：化学工业出版社，2020.5

　　普通高等教育"十三五"规划教材

　　ISBN 978-7-122-36242-1

　　Ⅰ．①环…　Ⅱ．①韩…　Ⅲ．①环境工程-高等学校-教学参考资料　Ⅳ．①X5

　　中国版本图书馆 CIP 数据核字（2020）第 030147 号

责任编辑：廉　静　　　　　　　　　　　　文字编辑：丁海蓉
责任校对：栾尚元　　　　　　　　　　　　装帧设计：王晓宇

出版发行：化学工业出版社（北京市东城区青年湖南街 13 号　邮政编码 100011）
印　　装：涿州市京南印刷厂
787mm×1092mm　1/16　印张 8¾　字数 206 千字　2020 年 9 月北京第 1 版第 1 次印刷

购书咨询：010-64518888　　　　　　　　售后服务：010-64518899
网　　址：http：//www.cip.com.cn
凡购买本书，如有缺损质量问题，本社销售中心负责调换。

定　　价：39.00 元　　　　　　　　　　　　　　　　　版权所有　违者必究

工业生产与污染控制综合实习是环境工程本科专业学生学习完成固体废物处理处置与资源化、大气污染控制工程、水污染控制工程、环境分析与监测、环境影响与评价等专业核心课程之后进行的实践教学，属于集中实践环节所修的课程。通过工业生产与污染控制综合实习课程的教学，增强学生在污水处理工艺、废气污染控制、固体废物焚烧与填埋处理处置和环境分析与监测技术方法等方面的专业素养。本课程以学生为学习主体，结合课前资料查询、课堂讲授、现场实践、小组讨论、汇报总结等教学方式，培养学生理论联系实际，发现问题、分析问题及解决问题的能力。

全书由韩智勇（实习一、实习六、实习七）、刘静（实习四、实习五）、廖兵（实习五～实习七）、史瑞（实习二、实习三、实习五）编著。

本书在编写过程中得到编著者所在单位成都理工大学、各实习单位以及四川省"环境科学与生态学"一流学科建设项目的大力支持。同时，在本书编写过程中，参考了一些国内外专著、教材、科研论文以及相关标准，在此一并表示感谢。

由于编著者水平和经验有限，加上成书时间仓促，书中疏漏和不足之处在所难免，敬请读者提出宝贵意见。

编著者
2019 年 12 月

目录
Contents

实习内容

工业生产与污染控制综合实习的主要内容包括以下部分。

（1）工业企业"三废"污染治理

选取不同类型的工业企业，以污染治理为核心，通过实习了解产品工艺生产流程，明确产污环节，识别污染物特征，评价当前企业污染治理中存在的主要问题，并提出相应的"三废"处理工艺设计改进方案。根据企业的环境管理现状，从环保管理机构设置、规章制度、考核评估等方面，提出目前存在的主要问题及改进建议。

（2）市政污水处理

通过对具有不同处理工艺的污水处理厂的驻点实习，熟悉生活污水的处理工艺和设备，了解污水处理过程中常见的问题与应对措施，掌握目前主流的污水处理工艺以及未来的发展方向，熟悉并掌握污泥处理处置的主要工艺技术，了解污泥处理市场以及前沿性处理技术。

（3）生活垃圾焚烧与填埋处理处置

通过对垃圾焚烧厂、填埋场以及垃圾渗滤液处理厂的驻点实习，熟悉生活垃圾的主要处理技术，了解垃圾焚烧厂、填埋场及垃圾渗滤液处理厂的日常运行管理、注意事项以及二次污染的防治措施，掌握生活垃圾处理场地土壤和地下水污染的调查与评价方法。

（4）环境分析与监测

通过上述不同实习项目，熟悉污水、污泥、废气的样品采集、测试和分析方法，结合环境在线监测仪器设备，针对不同类型工业企业的特点，设计相应的环境在线监测系统。

（5）实习汇报

通过文献查阅、小组讨论和实习报告撰写，培养学生的分析总结能力及团队协作意识，形成以学生为核心的"学习—实践—总结—反馈—再学习"实习实践新模式。

实习1

环保在线监测设备制造与系统集成实习

实习目的

① 了解环保监测设备生产的工艺流程。
② 了解在线监测系统的设计与构架。
③ 熟悉不同环保监测设备的核心组件以及监测原理。
④ 掌握在线监测系统中的环境监测要素、布点原则和监测方法。

实习重点

在各实习项目实习过程中，认真记录产污环节，分析其环境监测需求，任选一个实习项目进行环境监测系统设计，实现环保监测设备的系统集成与在线监测。

实习准备

查找大气、水、土壤等自动监测设备的基本信息，包括监测方式、监测原理、监测指标、监测范围与精度，以及市场应用等内容。

1.1 环保在线监测设备制造公司简介

1.1.1 公司简介

某环保在线监测设备制造公司占地 100 亩（1 亩≈666.7m²），一期 60 亩已经建成，二期 40 亩，一直开展高端环境监测仪器的自主研发和生产活动。主要产品包括：VOCs（挥发性有机物）分析仪（XHVOC6000）、多参数（MP）在线自动监测仪、氨氮（NH₃-N）在线自动监测仪、高锰酸盐指数（COD_{Mn}）在线自动监测仪、总磷（TP）在线自动监测仪、总氮（TN）在线自动监测仪、饮用水水质安全自动监测系统、浮标式水质自动监测系统、地下水自动监测系统、固定式地表水水质自动监测系统等。

1.1.2 主要监测设备简介

（1）饮用水水质安全自动监测系统

① 系统简介　根据我国国情及饮用水安全现状，饮用水水质安全自动监测系统方案设计遵从"一条流程、多层把关、多参数选择、多方式实现"的整体原则，针对水源地、进厂水、净化水、出厂水、管网水、终端水等各个关口，进行实时针对性的可选多参数监测，实现了从水源地到水龙头的全流程监测。

② 监测参数　生产厂商采用"紫外光谱扫描""荧光法监测""生物传感技术"等多种新技术，实现水中高锰酸盐指数、总有机碳（TOC）、色度、浊度、余氯、叶绿素 a、油、藻类、重金属、生物毒性、苯系物、烃类物质等参数的在线监测，运用 GSM、GPRS、3G 通信技术与数据专家分析系统相结合，实现水质监测数据监控、预警和突发性水污染事故处理系统，形成饮用水水质监控、预警和应急的综合技术体系，及时发现水体污染情况和扩散趋势。

③ 应用领域　该系统的应用领域包括：水源地应用，即对湖泊、水库、地下水等饮用水源地水质实时监测；水厂应用，即对水厂进出水和工艺过程水进行全流程水质监测，根据监测结果调整水厂工艺参数，提高工艺水平；管网应用，即监测仪安装于供水管道末梢，对管网水质进行在线监控，及时预警污染事故。

（2）浮标式水质自动监测系统

① 系统简介　野外无人值守的浮标式水质自动监测系统以浮标平台为载体，集成适用于长期监测的水质传感器，利用现代无线通信技术实现浮标系统与中心监控平台之间的数据传输和远程控制，实现湖泊、水库、河流等水体的大面积、多参数原位在线自动监测预警。

② 监测参数　该系统的监测参数包括：浊度、温度、pH、电导率、溶解氧等水质理化参数；氨氮、NO_3^--N、NO_2^--N、TP、TN、磷酸盐、硅酸盐等营养物参数；风速、风向、气温、气压、温度、光照度、雨量等气象参数；水位、流速、流量、流向等水力参数；叶绿素 a、蓝绿藻等生物参数和重金属参数。

（3）地下水自动监测系统

① 系统简介　该系统采用投入式、免试剂多参数水质分析仪，仪器通过地下水监测井悬吊于待监测水层中，对地下水体实施现场原位连续自动监测。采用太阳能供电的方式，通过无线通信技术实现地下水监测系统与中心监控平台之间的数据传输和远程控制。

② 监测参数　该系统的监测参数主要包括：

常规参数：TOC、氨氮、硝态氮、亚硝态氮、水温、水位、pH、电导率、溶解氧、浊度、COD_{Mn}。

有机物参数：CDOM（有色可降解性有机物）、苯系物（苯、氨苯等）。

应急参数：排污泄漏的污油（监控水上事故导致的燃油泄漏或石油企业的排污泄漏）。

其他参数：氯离子、硫化物、水中游离氢、水中游离臭氧、氧化还原电位（ORP）等。

③ 系统组成　该系统由供电单元、数据采集传输单元、水质多参数原位分析仪、水质监测信息管理平台组成。

a. 供电单元：采用太阳能单独供电或市电与太阳能互补供电。

b. 数据采集传输单元：采用投入式水下数据采集传输系统。

c. 水质多参数原位分析仪：具有高可靠性，低功耗设计；设备体积小和抗震性好；安装简单，维护方便；密封性高，防护等级为 IP68，特别适合于地下水监测调查。

（4）固定式地表水水质自动监测系统

① 系统简介　该系统主要由采、配水单元，分析单元，子站控制与数据采集单元，等比例采样器及条件保证系统等组成，对水质进行连续、稳定及准确的监测和远程监控，能够连续反映被测水质的变化，随时掌握水质变化情况、污染物含量，准确及时捕捉污染事故，对水质进行预报预警，为领导决策、现场管理提供实时、全方位的辅助信息支撑。

② 监测参数　该系统的监测参数主要包括：

常规参数：浊度、温度、pH、电导率、溶解氧等。

营养盐：氨氮、硝态氮、亚硝态氮、TP、TN、磷酸盐、硅酸盐等。

有机物参数：化学需氧量（COD_{Cr}、COD_{Mn}）、生物需氧量（BOD）、TOC、VOCs、挥发酚、油、CDOM 等。

毒性指标参数：生物毒性、重金属等。

其他参数：氟化物、叶绿素 a、蓝绿藻等。

1.2 环保在线监测设备制造公司生产工艺

1.2.1 总体生产工艺简介

某环保在线监测设备制造公司监测仪器的生产工艺流程如图 1-1 所示。

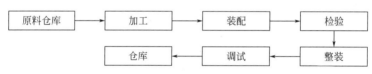

图 1-1　监测仪器的生产工艺流程

1.2.2 部分监测设备的生产工艺

水质监测仪器生产流程见图 1-2。图中 IQC（incoming quality control）为来料质量控制；IPQC（input process quality control）为制程控制，是指产品从物料投入生产到产品最

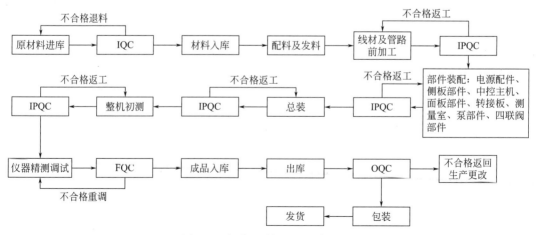

图 1-2　水质监测仪器的生产流程

终包装过程的品质控制；FQC（final quality control）是指制造过程最终检查验证，亦称为制程完成品检查验证；OQC（outgoing quality control）为出货品质检验。

水质监测集成系统的生产流程如图 1-3 所示。

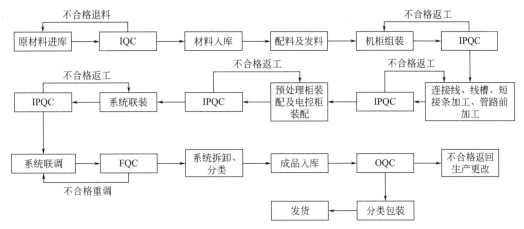

图 1-3　水质监测集成系统的生产流程

1.3 课堂分组讨论

① 主要产品的监测原理和核心部件。
② 当前环保监测设备的市场需求与发展前景。

1.4 现场实习要求

① 以图片和文字的形式进行记录。
② 熟悉流域在线监测系统的输入、输出，以及数据处理系统。
③ 在各个实习项目中记录产污环节，了解各实习项目的在线监测和自控系统需求。
学生设计案例见附录 3。

1.5 扩展阅读与参考资料

① 水污染源在线监测系统安装技术规范（试行）（HJ/T 353）
② 水污染源在线监测系统验收技术规范（试行）（HJ/T 354）
③ 水污染源在线监测系统运行与考核技术规范（试行）（HJ/T 355）
④ YSI|Water Quality Sampling and Monitoring Meters（http：//www. ysi. com）
⑤ HACH|Water Quality Testing and Analytical Instruments（http：//www. hach. com）
⑥ 泽泉|生态环境监测仪器（http：//www. zealquest. com）

实习2

玻璃纤维生产企业实习

实习目的

本实习在玻璃纤维生产企业进行，通过实习，达到以下目的：

① 了解中碱、无碱玻璃纤维的生产工艺流程。

② 熟悉生产工艺的主要产污环节和污染物类型，掌握"工业三废"的主要处理工艺。

③ 熟悉工业生产企业的环境管理制度，包括工业废渣、工业污泥和危险废物（简称危废）的管理措施。

实习重点

通过对玻璃纤维生产企业进行现场资料收集和产污情况的调查，在实习报告中重点分析"工业三废"处理工艺的特点，危险废物的管理措施，以及工业生产企业环境管理制度的优缺点。

实习准备

实习前应该充分回顾所学的相关专业知识，并查阅以下资料：

① "工业三废"的概念以及基本类型。

② "工业三废"的处理工艺。

③ 工业生产企业的环境管理制度。

2.1 玻璃纤维生产企业及玻璃纤维简介

2.1.1 企业简介

该玻璃纤维生产企业于 2004 年开始兴建，目前共有两个厂区，其中：老厂区为玻璃纤维生产厂区，位于某市 A 区 B 镇巨石大道 1 号；新厂区为叶蜡石粉末生产厂，位于某市 B 区工业集中发展区西林路 501 号。公司成立至今经历了多次扩建及技术改造，老厂区设置有 101 车间、102 车间、103 车间及 209 车间，玻璃纤维生产能力为 17 万吨/年。新厂区叶蜡石粉末设计生产能力为 15 万吨/年。

2.1.2 地理位置

该玻璃纤维生产企业位于某市 A 区工业集中发展区内，A 区地处该市东北部，东连该市 C 县，南邻该市 D 区，西接该市 E 区，北靠邻市 F。主城区由大弯和红阳街道办事处所辖，建成区面积 28.57km²，距该市主城区 25km。厂区平面布置情况和主要构筑物尺寸分别如图 2-1 和表 2-1 所示。

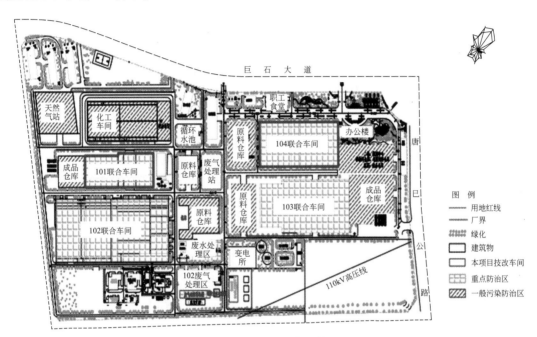

图 2-1　厂区平面布置情况

表 2-1　厂区构筑物尺寸

项目名称	建设内容及规模	项目名称	建设内容及规模
103 车间	(1)配料车间建筑面积 900m²。 (2)池窑工段(3 层)建筑面积 68.4m²，工业池窑一座	化工车间	建筑面积 768m²
		循环水池	各生产线分别设置循环水池一座,体积 400m³
102 车间	(1)配料车间建筑面积 760m²。 (2)池窑工段(3 层)2000m²,工业池窑一座	103 生产线	石英砂库建筑面积 1800m²、原料仓库建筑面积 4370m²、成品库建筑面积 4784m²
		104(原 209)生产线	石英砂库建筑面积 1800m²、原料仓库建筑面积 2718m²、成品库建筑面积 3500m²
104(原 209)车间	(1)配料系统建筑面积 900m²。 (2)池窑工段(3 层)建筑面积 2000m²,工业池窑一座。烘干工段(2 层)建筑面积 29000m²	给水站	建筑面积 640m²
		天然气站	建筑面积 200m²
检验中心	建筑面积 450m²	废气站	101 车间 800m²,104 车间 800m²
办公楼	建筑面积 750m²	职工宿舍	建筑面积 3000m²
职工食堂	建筑面积 800m²	化工车间	建筑面积 768m²,设置 5 台反应釜,2 台三轴搅拌机
循环水池	有效容积 400m³	预处理池	有效容积 100m³

2.1.3 玻璃纤维产品简介

玻璃纤维是一种性能优越的无机非金属材料，种类繁多，优点是绝缘性好、耐热性强、抗腐蚀性好、机械强度高，缺点是性脆、耐磨性较差。玻璃纤维是以叶蜡石、石英砂、石灰石、白云石、硼钙石、硼镁石等矿石为原料，经过高温熔制、拉丝、络纱、织布等工艺制造而成。玻璃纤维通常用作复合材料中的增强材料、电绝缘材料、绝热保温材料和电路基板。

玻璃纤维的主要成分为二氧化硅、氧化铝、氧化钙、氧化硼、氧化镁、氧化钠等。根据玻璃中碱含量的多少，可分为无碱玻璃纤维（氧化钠含量为 0～2％，属于铝硼硅酸盐玻璃）、中碱玻璃纤维（氧化钠含量为 8％～12％，属于含硼或不含硼的钠钙硅酸盐玻璃）和高碱玻璃纤维（氧化钠含量在 13％以上，属于钠钙硅酸盐玻璃）。

玻璃纤维用作强化塑料的补强材料时，最大的特点是抗拉强度大，抗拉强度在标准状态下是 6.3～6.9g/d，湿润状态下是 5.4～5.8g/d，密度为 2.54g/cm³。玻璃纤维还具有优良的电绝缘性和耐热性，温度达 300℃时对强度没影响，可用于绝热材料和防火屏蔽材料。此外，玻璃纤维耐酸碱腐蚀性好，一般只被浓碱、氢氟酸和浓磷酸腐蚀。

玻璃纤维主要的生产工艺是一次成型—池窑拉丝法，如图 2-2 所示。池窑拉丝法是把叶蜡石等原料在窑炉中熔制成玻璃溶液，排除气泡后经通路运送至多孔漏板，高速拉制成玻纤原丝。窑炉可以通过多条通路连接上百个漏板同时生产。这种工艺工序简单、节能降耗、成型稳定、高效高产，便于大规模全自动化生产，成为目前主流的生产工艺，用该工艺生产的玻璃纤维约占全球产量的 90％以上。

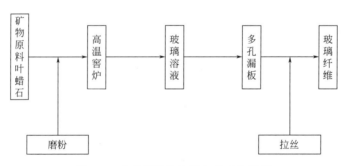

图 2-2　玻璃纤维的主要生产工艺流程

2.2 生产工艺及三废处理工艺

2.2.1 玻璃纤维的生产工艺

本实习项目中碱、无碱玻璃纤维的生产工艺流程如图 2-3 所示，按照玻璃配方的要求，采购各种矿物原料以合格粉料进厂，经气力输送器送入料仓，粉料经称量混合后制成玻璃配合料，配合料经气力输送器送至窑头料仓，供配合料投料机使用。配合料及废丝在单元窑内熔融、澄清、均化后，流入 H 型成型通路。熔化良好的优质玻璃液经由设在通路底部的多排多孔拉丝漏板流出形成纤维，涂敷专用浸润剂后，大部分被高速旋转的拉丝机拉制卷绕成原丝饼。原丝饼经烘干后，利用后续工序专用设备加工制成无捻粗纱、短切原丝毡、无捻粗纱布等玻璃纤维制品。

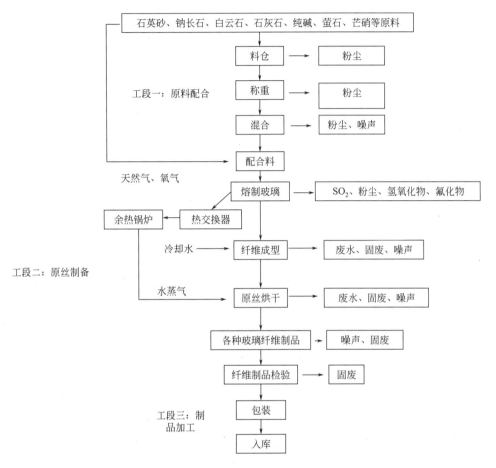

图 2-3 中碱、无碱玻璃纤维的生产工艺流程

生产过程涉及的主要反应方程式如下：

$$CaCO_3 \longrightarrow CaO + CO_2 \uparrow$$

$$Na_2CO_3 \longrightarrow Na_2O + CO_2 \uparrow$$

$$Na_2SO_4 \cdot 10H_2O \longrightarrow Na_2O + SO_3 \uparrow + 10H_2O$$

$$SO_3 \longrightarrow SO_2 \uparrow + \frac{1}{2}O_2$$

2.2.2 生产废气的来源及处理工艺

（1）生产废气的来源与性质

厂区生产废气包括物料厂区内储存转运产生的无组织排放粉尘、填料投料配料过程中产生的粉尘、玻璃窑炉及成型通路废气、拉丝车间废气、干燥炉废气及废丝粉磨粉尘。厂区生产废气的主要污染物及处理情况如表 2-2 所示。

表 2-2　厂区生产废气的主要污染物及处理情况

序号	车间名称及系统废气		主要污染物	废气处理措施	排气筒设置情况
1	101 车间生产线	配料系统废气	粉尘	插入式布袋收尘器	塔库顶部除尘器排放口高空排放
2		玻璃熔窑及成型通路废气	烟尘、SO_2、NO_x、氟化物	收集后进入 101 车间废气处理站进行处理	1 根 30m 高的排气筒排放
3		拉丝车间废气	非甲烷总烃、颗粒物	不经处理,直接排放	2 根 20m 高的排气筒,两根排气筒间距为 75m
4		干燥炉废气	颗粒物、非甲烷总烃、SO_2、NO_x	不经处理,直接排放	9 根 15m 高的排气筒,排气筒间距为 6m
5	102 车间生产线	配料系统废气	粉尘	插入式布袋收尘器	塔库除尘器顶部排放口高空排放
6		玻璃熔窑及成型通路废气	烟尘、SO_2、NO_x、氟化物	收集后进入 102 车间废气处理站进行处理	1 根 20m 高的排气筒排放
7		拉丝车间废气	非甲烷总烃、颗粒物	不经处理,直接排放	8 根 20m 高的排气筒排放,排气筒分布在车间两旁侧,每排有 4 根,间距为 6m、14m、6m,两排排气筒间距为 75m
8		干燥炉废气	颗粒物、非甲烷总烃、SO_2、NO_x	不经处理,直接排放	13 根 15m 高的排气筒排放,排气筒间距为 4m
9	104 车间生产线	配料系统废气	粉尘	插入式布袋收尘器	塔库顶部除尘器排放口
10		玻璃熔窑及成型通路废气	烟尘、SO_2、NO_x、氟化物	收集后进入 104 车间废气处理站进行处理	1 根 30m 高的排气筒排放
11		拉丝车间废气	非甲烷总烃、颗粒物	不经处理,直接排放	2 根 20m 高的排气筒排放,2 根排气筒间距为 74m
12		干燥炉废气	颗粒物、非甲烷总烃、SO_2、NO_x	不经处理,直接排放	8 根 15m 高的排气筒排放,排气筒间距为 10m
13	三期工程	原料破碎废气	粉尘	喷雾降尘	无组织排放
14		原料粉磨废气	粉尘	布袋除尘器	30m 料仓顶部排放
15		配料系统废气	粉尘	插入式布袋收尘器	30m 料仓顶部排放
16		玻璃熔窑及成型通路废气	NO_x、SO_2、烟尘、氟化物	收集进入各车间废气处理站进行处理	30m 高的排气筒排放
					30m 高的排气筒排放
17		拉丝车间废气	非甲烷总烃、颗粒物	喷淋	24m 高的排气筒排放
18		干燥窑废气	颗粒物、非甲烷总烃、SO_2、NO_x	洗涤+光催化+活性炭吸附	20m 高的排气筒排放
19		浸润剂配制废气	颗粒物、非甲烷总烃	光催化+活性炭吸附	20m 高的排气筒排放
20		废丝粉磨废气	颗粒物	布袋除尘器	15m 高的排气筒排放
21		天然气锅炉废气	NO_x、SO_2、烟尘	低氮燃烧技术	15m 高的排气筒排放
22		包装材料车间废气	VOCs	光催化+活性炭吸附	15m 高的排气筒排放
23		食堂餐饮废气	油烟	油烟净化装置	食堂楼顶排放

续表

序号	车间名称及系统废气		主要污染物	废气处理措施	排气筒设置情况
24	化工车间	浸润剂配制废气	非甲烷总烃	活性竹炭-HO 相催化处理法处理	1 根 15m 高的排气筒排放
25	粉磨车间	废丝粉磨废气	粉尘	旋风除尘器＋布袋除尘器	2 根 15m 高的排气筒排放,间距 15m
26	食堂	餐饮油烟	油烟	油烟净化器	8m 高的排气筒排放

（2）生产废气的处理工艺

① 厂区生产废气的总体处理方案　厂区生产废气的总体处理方案为：配料及气输过程含尘废气经单元插入式布袋除尘器处理后排放；玻璃熔制和 H 型成型通路产生的烟气采用"喷氨脱硝＋二级碱洗装置脱氟除尘＋电除雾"处理后排放，其工艺流程如图 2-4 所示。

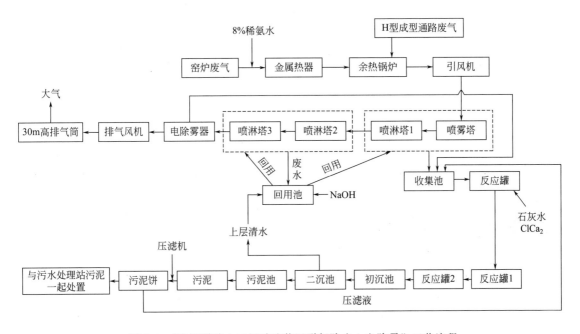

图 2-4 "喷氨脱硝＋二级碱洗装置脱氟除尘＋电除雾"工艺流程

② 生产废气的脱硫处理　生产废气的脱硫处理采用双碱湿法脱硫技术进行，烟气经过热交换器，进入脱硫塔，喷淋出的钠吸收液与烟气接触，吸收烟气中的硫，喷淋液由一部分再生的吸收液及新加入的吸收液组成。烟气经净化后进入脱硝系统。双碱湿法的脱硫工艺流程如图 2-5 所示。

③ 生产废气的脱硝处理　生产废气的脱硝处理采用选择性非催化还原法（SNCR）进行，在不采用催化剂的情况下，在炉膛（或循环流化床分离器）内烟气适宜处均匀喷入氨或尿素等氨基还原剂。还原剂在炉中迅速分解，与烟气中的 NO_x 反应生成 N_2 和 H_2O，而基本不与烟气中的氨气发生反应。烟气经过净化后进入脱硝系统。选择性非催化还原法（SNCR）的脱硝工艺流程如图 2-6 所示。

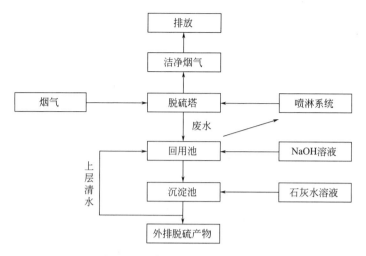

图 2-5　双碱湿法的脱硫工艺流程

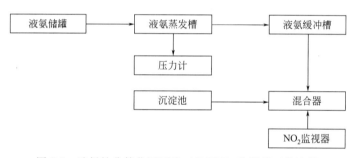

图 2-6　选择性非催化还原法（SNCR）的脱硝工艺流程

2.2.3　生产废水的来源及处理工艺

（1）生产废水的来源

厂区生产废水主要包括拉丝过程中产生的含浸润剂冲洗水、制毡工序中产生的含黏结剂冲洗水，以及玻璃钢生产过程中产生的含树脂废水和一定量的含氟废水。其中拉丝车间排放的含浸润剂废水约占厂区生产废水的 80%～90%，是玻璃纤维生产废水的主要来源。厂区废水排放情况见表 2-3。

表 2-3　厂区废水排放情况

污染源	废（污）水总量及污染物种类	排放量	单位
101 车间生产线	废水总量	351	m^3/d
	COD_{Cr}	10.10	t/a
	BOD_5	2.53	t/a
	SS	3.79	t/a
	NH_3-N	0.19	t/a
	石油类	0.08	t/a
	氟化物	1.14	t/a

续表

污染源	废(污)水总量及污染物种类	排放量	单位
104 车间生产线	废水总量	646.5	m^3/d
	COD_{Cr}	18.61	t/a
	BOD_5	4.66	t/a
	SS	6.98	t/a
	NH_3-N	0.35	t/a
	石油类	0.14	t/a
	氟化物	2.10	t/a
生产废水 （102 和 103 车间生产线）	废水总量	1200.7	m^3/d
	COD_{Cr}	34.58	t/a
	BOD_5	8.65	t/a
	SS	12.97	t/a
	NH_3-N	0.65	t/a
	石油类	0.26	t/a
	氟化物	3.89	t/a
生活污水（全厂）	污水总量	150	m^3/d
	动植物油	0.013	t/a
	COD_{Cr}	1.63	t/a
	SS	2.23	t/a
	NH_3-N	0.23	t/a
	BOD_5	0.46	t/a

在废气净化处理过程中，利用碱液作为含氟废气的吸收介质，此过程将产生含氟废水，因此，在每条生产线的废气站均设置有一套含氟废水处理装置。废气站含氟废水经混凝、沉淀、脱泥处理后的上清液回用于废气喷淋处理过程，循环使用，不外排。同时定期补充一定的新鲜水，水量的消耗主要是废气降温过程的蒸发损失。

（2）生产废水的理化性质

拉丝废水是一种有机废水，其性质与所含浸润剂的种类密切相关。浸润剂主要包括淀粉型、增强型和石蜡型。综合分析各类浸润剂配方的化学组成，拉丝废水的主要成分是脂类、乳化剂、水溶性有机物、有毒物质、少量玻璃纤维及残渣，以上物质为拉丝废水的主要污染物。此外，在含石蜡型浸润剂的拉丝废水中，甲醛也是主要的污染物。

（3）生产废水的处理工艺

该实习项目污水处理站的设计处理能力为 $2880m^3/d$，主要采用"物化＋生化"的处理工艺，如图 2-7 所示。厂区内进入污水处理站的废水总量为 $2050m^3/d$，全厂废水经污水管网收集后进入污水处理站进行统一集中处理。生产废水中的主要污染参数为 pH、COD_{Cr}、SS（悬浮固体）、BOD_5、氨氮、石油类和氟化物等。

废水处理站的主要设施包括集水井、调节池、气浮池、接触氧化池和沉淀池等构筑物。

① 集水井　废水在集水井汇集，占地面积约为 $150m^2$。井中装有无阻塞排污泵，设备采用两用一备，由浮球液面自动控制。入口处设有格栅机，可防止大尺寸杂质进入，在集水

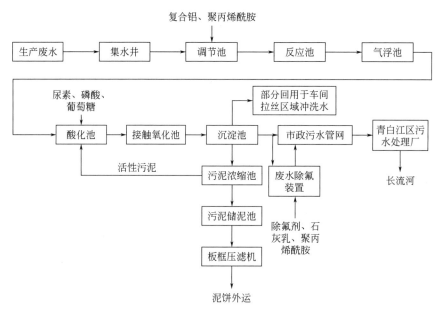

图 2-7 玻璃纤维生产废水的处理工艺流程

井中自动监测 COD 浓度和 pH 值。

② 调节池 废水经过集水井后进入调节池，调节池占地面积约为 700m²，最大水位 5m，正常运行水位范围为 2.5~3m，保持部分余量应对大水量或高浓度废水的冲击。调节池中设有水泵，设备一用一备，可以根据水位人工调控维持出水稳定，还可根据后续处理要求调整净水剂和碱的添加量。由于生产废水中含有大量的浸润剂，因此，投加碱式氯化铝使废水破乳。在调节池中加有硅藻土，可以起到絮凝、吸附和过滤等作用。调节池下设有除氟剂存放点，存放点旁设有两个输送泵，对调节池进行 24h 不间断加药。

③ 气浮池 由于废水中的 SS 主要为玻璃纤维残渣，其密度小于水，故采用气浮法去除水中的 SS，设备一用一备。利用微气泡发生器进气，在气浮池中使用机械搅拌，气浮产生气泡后，使生产废水中的玻璃纤维残渣上浮去除。

④ 混凝反应池 在絮凝剂聚合氯化铝（PAC）和助凝剂聚丙烯酰胺（PAM）的作用下，与废水中的悬浮物和胶体物质发生混凝反应生成较大絮体。控制混凝反应池中的 pH 值范围为 6~9，以此保证混凝效果以及微生物所需的生长环境。其中 PAC 的投加量为 216kg/d，PAM 的投加量为 3kg/d。

⑤ 接触氧化池 污水进入接触氧化池进行生化处理，该过程主要利用微生物的降解作用，处理过程中进行充氧曝气，在曝气过程中保持风机气压低于 0.07MPa，控制风机油缸温度低于 65℃，电流低于 80A，充气量为 80m³/min。

⑥ 沉淀池 将生物氧化处理后的悬浮物收集到中心泥斗，再由污泥泵排出，同时进行固液分离，微生物随水流入沉淀池之后，再通过污泥泵回流到氧化池中。沉淀池的水质较好，水面无悬浮物，占地面积为 1300m²。每两小时巡视一次沉淀池刮泥机的运行情况，及时清理沉淀池进水挡圈内的污泥和杂质。同时，观察絮凝体的沉淀情况，确保水质色度达标和无悬浮物，根据污泥体积指数控制排泥时间。若悬浮物较多时，应及时排泥，调节 PAC 和 PAM 的用量，增强絮凝效果。

⑦ 污泥浓缩池 主要用于储存气浮排出的浮渣。污泥浓缩池中需要持续曝气，防止形

成沉淀，池内水位为 2m。启动板框压滤机开始压泥，控制水位在 3m 以内。

⑧ 板框压滤机　主要用于悬浮液的固液分离。当进泥管道压力为 0.6MPa 时，停止压泥并开始卸泥，卸完泥后将滤布清洗干净。

⑨ 除氟设备　利用专门药剂，采用化学沉淀法去除废水中的氟离子，达到排放标准。据沉淀池的出水量，合理调节除氟设备的进水量，尽量保持水量相当。反应罐中的 pH 值在 10 左右时，通过投加除氟剂控制系统中水的 pH 值范围为 6.5～8，调整 PAM 的用量使絮凝物迅速沉淀，出水水质清澈。每 4h 定时排泥 1 次，改善沉淀效果。

⑩ 在线监测系统　在线监测系统设置在出水口，保证出水水质达标排放。其中对排放口的 COD 浓度和流量进行监测，通过摄像方式监测排放水的外观，并将数据传送至环境主管部门。在线监测值班人员进行定时巡查检测，巡查时间为 2h/次，确保在线监测设备正常运行，污水达标排放。在线监测数据接入公用车间集控中心，在集控中心监测平台设置预警参数。

2.2.4　厂区固体废物的管理

（1）厂区固体废物的来源

厂区固体废物（简称固废）的来源包括：拉丝成型区手拉废丝（成分为短纤维）、废弃耐火材料、机修及设备维护保养过程产生的废棉纱和废机油、检验室固废、含氟废气处理产生的污泥、污水处理站污泥和厂区职工生活垃圾。厂区现有生产线 4 条，现有固废产生总量情况见表 2-4。

表 2-4　固体废物产生总量情况

序号	固废名称	固废性质	产生量			
			101 车间	102 车间	103 车间	104 车间
1	拉丝成型区手拉废丝	一般工业固废	5000t/a	6500t/a	3569t/a	9000t/a
2	制品加工及包装产生的废丝	一般工业固废	—	2050t/a	1075t/a	—
3	弃窑砖（大修时产生）	一般工业固废	1500t/次	1800t/次	1500t/次	1800t/次
4	含氟废气处理产生的污泥	一般工业固废	600t/a	1500t/a	1100t/a	
5	污水处理站污泥	一般工业固废	2238t/a			
6	废包装材料	一般工业固废	2028t/a			
7	机修及设备维护保养过程产生的废机油	危险废物（HW08 废矿物油）	0.35t/a			
8	机修及设备维护保养过程产生的废棉纱	危险废物（HW49 其他废物）	0.15t/a			
9	检验室固废（废酸、废碱）	危险废物（HW21 含铬废物、HW34 废酸、HW35 废碱）	0.08t/a			
10	废丙酮包装桶	危险废物（HW49 其他废物）	5t/a			
11	废丙酮	危险废物（HW42 有机溶剂废物）	0.5t/a			
12	生活垃圾	一般固废	140t/a			

厂区各生产线的铂金漏板、单丝涂油器等设备清洗时使用丙酮作为介质，会外排少量废

丙酮。厂区内机修及设备维护保养过程产生的废棉纱和废机油、检验室固废（废酸、废碱）属于危险废物，全厂进行统一管理，危险废物均交给有资质单位进行处理。

（2）厂区固体废物的处理

回炉废丝（不含浸润剂）粉磨后部分回用与生产，部分外卖；废弃窑砖现未产生，后期产生后拟按照要求外售综合利用；含氟废水处理站产生的污泥和污水处理站污泥交由 A 市固体废弃物卫生处置场填埋；废包装材料外售废品收购站回收；生活垃圾送城市垃圾处理厂；机修及设备维护产生的废机油，检验室废酸、碱，废丙酮及化学品包装桶均委托有资质单位回收处置。

图 2-8　生活垃圾暂存库

在厂区 102 车间废气处理站北侧设置有一处一般工业固废暂存库，占地面积为 350m²，对产生的一般工业固废进行分类收集和暂存；在 102 车间废气处理站东南侧设置有一处废气站污泥暂存库，占地面积为 200m²；在 102 车间废气站东侧设置有一处危险废物库房，占地面积为 60m²。一般工业固废暂存库、废气站污泥暂存库和危险废物库房均已经采取了"防风、防雨和防渗"措施。危险废物库房内设置了环形的导流沟（30cm×40cm），并设置了一处收集池（30cm×40cm×60cm），防止废液泄漏对土壤和地下水造成污染。生活垃圾暂存库如图 2-8 所示，一般工业固废暂存库如图 2-9 和图 2-10 所示。

图 2-9　一般工业固废暂存库（一）

图 2-10　一般工业固废暂存库（二）

2.3　工业固体废物的处理及工业企业的环境管理制度

2.3.1　工业固体废物的处理

工业固体废物是指在工业生产活动中产生的固体废物，包括工业生产过程中排入环境的各种废渣、粉尘及其他废物。可分为一般工业固体废物（如高炉渣、钢渣、赤泥、有色金属渣、粉煤灰、煤渣、硫酸渣、废石膏、脱硫灰、电石渣、盐泥等）和有害工业固体废物。工业生产企业的废水处理过程中会产生工业污泥，其中大部分属于有毒有害固体废物的管理范畴。下文将重点介绍工业污泥的特性及其主要的处理技术。

（1）工业污泥类型与特点

① 工业污泥的类型　由于工业企业类型复杂多样，生产工艺和产污情况也存在差异，导致工业企业产生的污泥也不尽相同，一般来说，工业污泥的类型可以分为以下四类：

a. 工业废水处理产生的混合污泥。包括造纸厂、印染厂、水洗布厂、石油化工厂、有机化工厂、肉联厂、啤酒厂等生产过程产生的污泥，这类污泥多属于中细粒度混合污泥，压缩性和脱水性一般。对这类污泥的脱水处理通常选择高压隔膜压滤机、板框压滤机等设备。

b. 工业废水处理产生的物化沉淀细粒度污泥。包括电镀厂、线路板厂等生产过程产生的污泥，这类污泥多属于无机污泥。相较于有机污泥，无机污泥的压缩性和脱水性稍好。对这类污泥脱水处理后一般采用焚烧技术处理。

c. 工业废水处理产生的物化沉淀中粒度污泥。包括钢铁厂脱硫除尘污泥、制碱厂盐泥、铝厂赤泥、陶瓷厂污泥、彩管厂污泥等，这类污泥属于疏水性无机污泥，可压缩性能和脱水性好。对这类污泥的脱水处理常采用高压隔膜压滤机、板框压滤机、带式压滤机等设备。

d. 工业废水处理产生的物化沉淀粗粒度污泥。包括洗煤厂尾泥、玻璃厂石英渣等，属粗粒度疏水性无机污泥，可压缩性和脱水性好。主要采用板框压滤机、带式压滤机等设备进行脱水处理。

② 工业污泥的特点　工业污泥与城市生活污泥存在明显的差异，工业污泥通常具有成分复杂、有毒有害物质含量较高、来源分散、产量较大等特点。工业污泥和生活污泥的关系有以下几个方面：

a. 生活污泥和工业污泥的外观颜色不同，生活污泥的外观为土黄色，而工业污泥则一般具有相应工业废水的颜色，特殊情况如无色的工业废水则呈浅黄色或浅白色。

b. 工业污泥处理所利用的微生物一般可以由生活污泥中的微生物驯化而来。

c. 生活污泥中的微生物多样性好、活性高、指示生物较多，而工业污泥中的微生物较为单一，指示生物少甚至没有。

（2）工业污泥危险废物属性的鉴别

工业污泥往往因其浸出毒性超标或者含有其他有毒有害物质，绝大部分属于危险废物的范畴。目前，工业污泥危险废物（简称危废）属性的鉴别主要依据由生态环境部联合国家发改委、公安部发布的《国家危险废物名录》和《危险废物鉴别标准》中的相关规定进行，在国家危险废物名录以外的、疑似含有有毒有害物质的污泥需要鉴别，鉴别这类工业污泥是否属于危险废物的要点如图 2-11 所示。

（3）工业污泥的处理技术

目前，工业污泥的处理技术主要包括：重力浓缩、机械脱水、自然干化、消化＋自然干化等。工业污泥一般含有一定量的有毒有害成分，如漂染工业、化肥加工工业等部门产生的污泥中含有大量的化学物质，极易对环境造成污染。然而，工业污泥中也含有大量的矿物质，通过处理可有效回收工业污泥中的有价资源，如电镀污泥中含有大量的铜、锌、铁等重

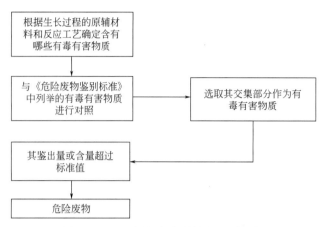

图 2-11　工业污泥危废属性的鉴别要点

金属。对工业污泥中有价资源的回收利用是工业污泥重要的处理思路。

目前，工业污泥产量最多的行业有造纸业、冶金业、石油业与建筑业，工业污泥的主要类型包括造纸污泥、电镀污泥、钢铁生产过程中产生的污泥与建筑污泥等。

① 造纸污泥的资源化处理　造纸泥浆分为原木浆产生的一段污泥、二次纤维产生的脱墨泥浆、二次处理的二段污泥、废纸与活性污泥产生的混合污泥。造纸污泥的资源化处理技术包括两种：一是将其作为混凝土制品的原料；二是将其作为木质水泥板的原料。

② 电镀污泥的资源化处理　电镀污泥中含有大量的锌、铁、铜等重金属，因电镀作业工艺的不同，电镀污泥中有毒重金属的含量也各不相同。电镀污泥的资源化技术主要是回收其中的有价重金属组分或将电镀污泥加工制作成一定的工业原料。如利用酸性溶剂浸泡污泥，从而分解沉淀其中的金属成分。此外，将电镀污泥与黏土进行混合使用，可以制作青砖等建材。

③ 含铁污泥的资源化处理　含铁污泥主要来源于钢铁生产过程中产生的污泥，受钢铁生产过程中不同工艺条件的影响，工业污泥的成分和性质会发生相应的变化。含铁污泥主要的资源化处理技术包括：通过与沥青混合后对其进行电炉熔渣作业，可有效回收铁、锌等重金属；利用污泥固化技术，将其生产为建材如混凝土等；将含铁污泥作为炼钢、炼铁的原料，进行二次利用。

工业污泥中所含的重金属是影响工业污泥资源化利用的重要因素。工业污泥如造纸污泥等重金属含量较少且含有丰富的有机物，在经过处理后具有很高的再利用价值。而电镀污泥、制革污泥等含有重金属的污泥处置工艺则更加复杂。因此，工业污泥资源化利用的关键在于分离与回用工业污泥中的重金属组分。

（4）工业固体废物的管理政策

针对工业固体废物的管理，我国出台了《中华人民共和国固体废物污染环境防治法》《中华人民共和国清洁生产促进法》《工业固体废物资源综合利用评价管理暂行办法》《国家工业固体废物资源综合利用产品目录》《国家危险废物名录》《危险废物鉴别标准》和《危险废物贮存污染控制标准》等法律法规政策。

① 一般工业固体废物的管理政策　虽然工业固体废物对环境具有一定的危害，但同时也具有一定的利用价值。对于一般工业固体废物的管理，我国积极鼓励对其进行资源化综合利用，并出台了《工业固体废物资源综合利用评价管理暂行办法》和《国家工业固体废物资

源综合利用产品目录》，省级政府也出台了具体的实施细则，促进工业固体废物资源综合利用产业规范化、绿色化、规模化发展。工业固体废物中最为常见的煤矸石，其中含有丰富的热量，因此，在日常生活时，可将其用作供暖材料。另外，还可充分利用其热量资源，将其用于环保节能砖的生产原料中，减少能源消耗。

对于不能进行资源化回收利用的一般工业固体废物，按照政策的相关规定，进入一般工业固体废物的贮存、处置场进行最终的处理处置。

② 有害工业固体废物的管理　有害工业固体废物主要包括鉴别出属于危险废物管理范畴的工业污泥和工业废渣，其相应的收集、暂存、运输和处理等活动都需要交由具备危险废物处理处置资质的单位进行，并签订处理处置协议，同时上报危险废物年度转移计划至当地环保主管部门备案。

危险废物必须存放于专门的危废暂存间中，危险废物的转移处置必须按照国家有关规定填写危险废物转移联单，并向危险废物转移出地和接受地的县级以上地方人民政府环境保护行政主管部门报告。严格执行转移五联单制度，同时必须做好台账资料。如私自非法处置危废累计达 3t，则构成犯罪，可以判处 3～7 年有期徒刑。禁止将危险废物混入非危险废物中储存。

对危险废物的容器和包装物以及收集、储存、运输、利用、处置危险废物的设施、场所，必须设置危险废物识别标志。

2.3.2 工业企业的环境管理制度

（1）工业企业环境管理的概述

环境保护管理是现代企业建设发展过程的重中之重，是一项必不可缺的关键内容，直接关系到生态经济稳定持续发展、人类健康生活水平的提高。因此，每个工业企业必须树立起先进的环境保护管理工作理念，提高自身环境保护意识，加强环境保护管理优化改进工作。

目前，ISO 14001 环境管理体系（EMS）是工业企业组织管理体系中的一部分，用来制定和实施企业的环境保护方针，并管理企业内部的环境因素，包括为制定、实施、实现、评审和保持环境方针所需的组织机构、计划活动、职责、惯例、程序、过程和资源。ISO 14001 是国际标准化组织（ISO）于 1996 年正式颁布的可用于认证目的的国际标准，是 ISO 14000 系列标准的核心，它要求组织通过建立环境管理体系来达到支持环境保护、预防污染和持续改进的目标，并可通过取得第三方认证机构认证的形式，向外界证明其环境管理体系的符合性和环境管理水平。

工业企业在新建、改/扩建厂区项目之前，应先向有相关资质的环评公司申请环境影响评价。环境影响评价的主要内容就是对规划和建设项目实施后可能造成的环境影响进行分析、预测和评估，提出预防或者减轻不良环境影响的对策和措施，进行跟踪监测。工业企业的环境管理需要分析项目建成投产后可能对环境产生的影响，并提出污染防治对策和措施。

工业企业需要严格落实"三同时"制度，确保建设项目中防治污染的设施，必须与主体工程同时设计、同时施工、同时投产使用。在取得《项目环境影响评价报告》后，经环境保护部门和其他有关部门审查批准，进入"三同时"所规定的建设项目设计、施工阶段。最终，建设项目要进行最后的竣工验收，经过环保部门验收通过后方可正式投入生产。通过竣工验收后的书面报告，即《建设项目三同时竣工验收报告》。

（2）工业企业环境管理的内容与要求

工业企业主要从七个方面进行环境目标的管理，包括基础管理、现场管理、污染物管理、环境监测管理、环保设施管理、防治污染应急管理和污染事故管理，具体的内容与要求包括以下几个方面。

① 企业环境管理机构设置，环保相关资料数据管理。

② 运行制度、操作规程必须完善、齐全；设备维护、检修要纳入生产设备（废水、废气处理设备）检修计划统一安排；确保废水、废气处理系统安全可靠、正常有效运行，发挥其技术特性，减少故障，确保系统高效率、长周期、安全经济运行，从而使废水达标排放。

③ 对机油、润滑油、柴油和汽油等油类物质必须严格管理，对设备的动、静密封点必须加强查漏、治漏工作，防止各种跑、冒、滴、漏现象发生。

④ 工业企业自身制定厂区的《固体废物、废水、废气及噪声的管理办法》。

⑤ 对各类固体废物进行分类管理，特别是对危险废物的跟踪监督管理。

⑥ 加强对物料、半成品、成品贮罐、堆放场的巡检，对于腐蚀性较强的贮罐，需要定时进行测厚，防止泄漏，发生重大污染事故。

⑦ 对于重大、特大环境污染事故，工业企业环保管理部门在请示主管领导后，及时向市环境保护主管部门汇报。

⑧ 造成环境污染危害的单位有责任排除危害，并对直接受到损害的单位和个人赔偿损失。对于企业范围内发生的环境污染事故一律通过当地政府及环境保护主管部门和行政裁决的途径进行处理。

目前，工业企业环境管理的一般组织架构如图 2-12 所示，具有"一人主管、分工负责；职能科室，各有专责；落实基层，监督考核"的特点。

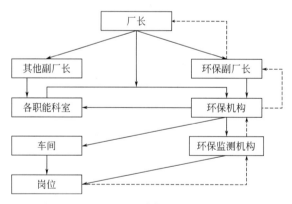

图 2-12　工业企业环境管理的一般组织架构

2.4 课堂分组讨论

① 根据玻璃纤维的生产工艺，讨论分析生产工艺中主要的产污环节和特征污染物。

② 分析玻璃纤维生产废水、生产废气和生产固废主要处理工艺的优缺点，提出玻璃纤维生产企业"工业三废"处理的初步方案。

2.5 现场实习要求

① 以图片和文字的形式进行资料收集与记录。

② 记录中碱、无碱玻璃纤维生产工艺的操作流程。

③ 记录生产废气的产生量，生产废气主要组分，处理工艺及处理设备的运行参数。

④ 记录生产废水的产生量，进、出水水质，处理工艺及设备的运行参数。

⑤ 记录固体废物的主要产生环节、特性及产生量。

⑥ 收集厂区环境管理的规章制度及相关资料，包括机构人员配置、岗位与职能、日常环保管理措施等。

⑦ 记录厂区内固废储存间，废水、废气处理设施及监测点位布置情况。

2.6 扩展阅读与参考资料

①《中华人民共和国固体废物污染环境防治法》

②《中华人民共和国循环经济促进法》

③《中华人民共和国清洁生产促进法》

④《一般工业固体废物贮存、处置场污染控制标准》（GB 18599—2001）

⑤《工业固体废物资源综合利用评价管理暂行办法》（工信部）

⑥《国家工业固体废物资源综合利用产品目录》（工信部）

⑦《国家危险废物名录》

⑧《危险废物鉴别标准》（GB 5085.1—2007、GB 5085.2—2007、GB 5085.3—2007、GB 5085.4—2007、GB 5085.5—2007、GB 5085.6—2007、GB 5085.7—2007）

⑨《危险废物贮存污染控制标准》（GB 18597—2001）

⑩《危险废物填埋污染控制标准》（GB 18598—2001）

实习3

电子废弃物处理企业实习

本实习在电子废弃物处理企业进行，通过实习，达到以下目的：
① 了解电子废弃物处理行业的政策法规。
② 熟悉典型电子废弃物（"四机一脑"）处理的工艺流程。
③ 熟悉电子废弃物处理过程中的主要产污环节及主要污染物。
④ 熟悉电子废弃物处理过程中产生"三废"的主要处理措施。

实习重点

实习报告中需详细论述电子废弃物回收、处理与资源化利用的相关技术和管理政策，包括电子废弃物的拆解处理技术、财政资金保障等，分析电子废弃物处理和管理的关键之处。

实习准备

实习前应该充分回顾所学的相关专业知识，并查阅以下资料：
① 电子废弃物的主要类别。
② 电子废弃物的主要处理工艺。
③ 电子废弃物处理行业的管理政策。

3.1 电子废弃物处理企业简介

某市电子废弃物处理企业成立于 2010 年 6 月，主要从事金属废料和碎屑、非金属废料和碎屑、废弃电器电子产品、废旧电路板的回收、加工、处理和销售等业务。该电子废弃物处理企业位于某市 A 县 B 镇境内的节能环保产业园内。

该电子废弃物处理企业先后投资建设了一期、一期扩建、二期、电子固废回收及再资源化、三期、数据交换产品处理、锂电池及保密拆解、电子类固体废弃物综合利用改建、拆解项目配套库房建设、废旧平板显示屏综合利用产业化、废旧手机技改、三期技改等 12 个项目,废旧平板显示屏综合利用产业化项目、废旧移动通信手持机项目正在建设。目前,该电子废弃物处理企业已形成每年 210 万台废旧大家电、1000 万台废旧办公生活电器、3000 万台废旧移动通信手持机、1000t 废旧锂电池、210t 保密器件的拆解能力,以及每年 10000t 废旧印制电路板(PCB)、3000t 废旧等离子屏、7000t 废旧液晶屏的回收能力。厂区内现有项目情况如表 3-1 所示。

表 3-1　厂区内现有项目情况

序号	项目名称		生产线		产品方案		目前建设进度
			名称	数量	类别	产能	
1	再生资源综合利用基地(一期)建设项目	拆解生产线	废旧阴极射线管(CRT)电视及电脑(公用)拆解生产线	2	废旧 CRT 电视	43 万台/年	已建成,完成环保竣工验收
					废旧 CRT 电脑	2 万台/年	
			废旧空调及废旧洗衣机(共用)拆解生产线	1	废旧空调	1 万台/年	
					废旧洗衣机	10 万台/年	
			废旧冰箱拆解生产线	1	废旧冰箱	4 万台/年	
		塑料造粒生产线	双阶造粒线	7	塑料造粒	20000t/a	
			双螺杆改性造粒线	7			
		塑料破碎清洗生产线	塑料破碎、清洗生产线	3	塑料破碎、清洗	18000t/a	破碎生产线和清洗生产线未建设
2	再生资源综合利用基地一期生产线扩建项目		小家电拆解生产线	2	手机	300 万台/年	已建成,完成环保竣工验收
					办公电器	20 万台/年	
					生活电器	100 万台/年	
3	废旧家电拆解技改扩能项目		废旧电视及电脑(公用)拆解生产线	2	废旧 CRT 电视	57 万台/年	已建成,完成环保竣工验收
					废旧 CRT 电脑	18 万台/年	
					废旧平板电脑	30 万台/年	
					废旧液晶电脑	20 万台/年	
			废旧冰箱拆解生产线	0	废旧冰箱	15 万台/年	
4	电子类固体废弃物回收处置及再资源化项目		废旧印制电路板(PCB)回收综合利用生产线	1	塑料及纤维	6490t/a	已建成,完成环保竣工验收
					复合金属	2980t/a	
					粗重金属件、粗电线电缆	225t/a	
5	再生资源综合利用基地(三期)项目		小家电拆解生产线	4	办公电器	30 万台/年	在建,通过环评审批
					生活电器	850 万台/年	

厂区的主要构筑物尺寸分别如表 3-2 所示。

表 3-2　厂区的主要构筑物尺寸

构筑物名称	尺寸	构筑物名称	尺寸
1# 原料库和成品库	面积 3600m²	生活污水预处理设施	面积 30m²(2 座)
1# 危险废物暂存库	面积 500m²	2# 原料暂存区、一般废物暂存库	面积 2120m²
1# 卫生间化粪池	面积 30m²	4# 厂房	面积 8000m²
绿化	面积 22500m²	4# 危险废物暂存库	面积 200m²
三层办公楼	面积 1500m²	4# 回收处理系统生产线	面积 3000m²
门卫室	面积 60m²	4# 原料库区和成品库区	面积 4800m²

3.2 电子废弃物处理企业的拆解工艺

该电子废弃物处理与利用企业现有每年 210 万台废旧大家电（包括电视机、冰箱、洗衣机、空调和电脑）的拆解能力。

废旧大家电的拆解主要依靠人工进行，产品主要为拆解过程中产生的各类产出物。对拆解产出物进行分类收集，拆解产物中电源、硬盘、光驱、软驱由厂区内二次拆解线进行拆解，电机和压缩机目前外售，待厂区内电机和压缩机二次拆解线建成后在厂区内拆解。拆解和二次拆解产物中能够再次利用的产出物出售给相应的生产企业或在厂区内进行综合利用，不能利用的产出物则作为一般固体废物和危险废物按照固废的相关处置要求进行分类处置。

3.2.1 废旧 CRT 电视机的拆解工艺

废旧 CRT（cathode ray tube）电视机的主要组成包括显示屏和阴极射线管等部分，如图 3-1 所示。CRT 显示器锥玻璃中含有大量的铅，如表 3-3 所示。在拆解回收过程中需要对其可能造成的二次污染进行严格控制。

图 3-1　废旧 CRT 电视机主要组成

表 3-3　CRT 显示器锥玻璃成分

氧化物	SiO_2	PbO	K_2O	Na_2O	Al_2O_3	SrO
质量分数/%	49.61	24.17	7.79	5.32	3.63	2.99
氧化物	CaO	BaO	MgO	ZrO_2	Fe_2O_3	P_2O_5
质量分数/%	2.30	1.96	1.49	0.58	0.07	0.07

废旧 CRT 电视机的拆解工艺主要包括：物料准备；拆除电源线；拆卸后壳、机内清理；CRT 解除真空、拆除管颈管（电子枪）；拆除电路板；拆除喇叭；拆除偏光调节圈、偏转线圈；拆除前壳，取出 CRT；拆除消磁线、接地线、变压器、高频头等；切割防爆带；清理 CRT；屏锥分离；收集荧光粉等。具体的工艺流程如图 3-2 所示。

① 物料准备　将待拆解的物料搬运到拆解线物料入口处或工位，将待拆解的电视机搬上拆解台或上料口。

② 拆除电源线　人工从机体侧根部整齐剪切、分离电源线。

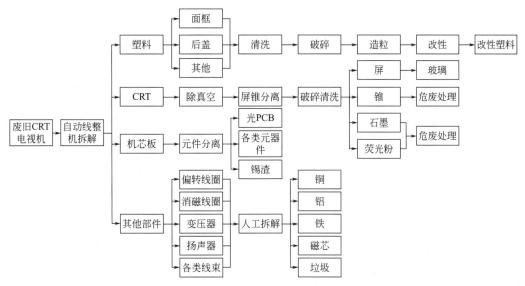

图 3-2　废旧 CRT 电视机的拆解工艺流程

③ 拆卸后壳、机内清理　采用气动起子等小型设备人工将后壳组件上的螺钉卸下，使后壳与机体分离；由于废旧 CRT 电视机中积有大量灰尘，因此，人工采用中央集尘系统将电视机中的灰尘清除，便于后续拆卸。

④ CRT 解除真空、拆除管颈管　取下管颈管端电路板，采用钳子钳裂管颈管上端玻璃，由于空气从切口处灌入，破除了 CRT 屏锥内的真空状态；采用专用切管器在管颈管玻璃处划线，人工将管颈管与屏锥玻璃从划线处掰断分离。

⑤ 拆除电路板　采用气动起子人工将线路板上的螺钉卸下，拆卸下连接线，使电路板与机体分离。

⑥ 拆除喇叭　采用气动起子人工拧开螺钉，剪除连接线，取出喇叭。

⑦ 拆除偏光调节圈、偏转线圈　采用气动起子人工拧开螺钉，拆下偏光调节圈，拆下偏转线圈。

⑧ 拆除前壳，取出 CRT　采用气动起子人工拧开前壳螺钉，将前壳与 CRT 分离。

⑨ 拆除消磁线、接地线、变压器、高频头等　采用气动起子、剪刀、钳子等人工拆下消磁线、接地线、变压器、高频头等。

⑩ 切割防爆带　采用屏锥分离设备将防爆带切断，使防爆带与 CRT 屏锥玻璃分离。

⑪ 清理 CRT　人工清理 CRT 内的金属及橡胶件。

⑫ 屏锥分离　屏锥玻璃由无铅玻屏和有铅玻锥组成，屏锥玻璃分离装置为电加热式。电加热式采用电热丝法，即利用电热丝加热-骤冷热应力使屏锥分离的方法。分离后的无铅玻璃和含铅玻璃分别用铁棒进行人工破碎。

⑬ 收集荧光粉　无铅玻屏内附着有荧光粉，屏锥分离后，通过吸尘器收集无铅玻屏内层的荧光粉。

3.2.2　废旧 CRT 电脑的拆解工艺

废旧 CRT 电脑的拆解包括电脑显示器的拆解和电脑主机的拆解两个部分，其中电脑显示器的拆解工艺与 CRT 电视机拆解工艺一致（图 3-2），电脑主机的拆解工艺主要包括：拆卸外壳；拆除电源盒；拆除光驱、软驱、硬盘；拆除排线；拆除网卡、声卡、显卡、内存条等板卡；拆除主板等。电脑主机的拆解工艺见图 3-3。

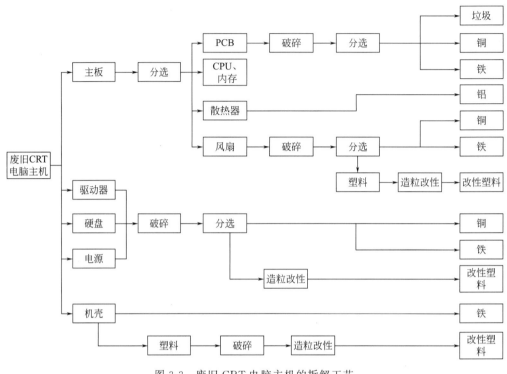

图 3-3　废旧 CRT 电脑主机的拆解工艺

① 拆卸外壳　采用气动起子人工卸下固定主机外壳四周的螺钉，取下外壳，拆除外壳上零部件。

② 拆除电源盒　采用气动起子人工去除固定电源盒的螺钉，推出电源盒，拔掉连接在电源盒与光驱、软驱之间的连接线，取出电源盒。

③ 拆除光驱、软驱、硬盘　采用气动起子人工卸下固定光驱、软驱、硬盘的螺钉，取下光驱、软驱、硬盘。

④ 拆除排线　拔掉主板与光驱、硬盘、软驱等连接的排线。

⑤ 拆除网卡、声卡、显卡、内存条等板卡　采用气动起子人工拆除螺钉，拔掉网卡、声卡、显卡及其他板卡。

⑥ 拆除主板　采用气动起子人工拆除固定主板的螺钉，取下主板，拆下 CPU、散热风扇、纽扣电池等。

3.2.3 废旧平板电视机的拆解工艺

废旧平板电视机的拆解工艺包括：物料准备；拆除电源线；拆除底座和后壳；拆除音箱喇叭；拆除主电路板；拆除高压电路板、控制电路板；拆卸背光模组；拆卸前壳、取出液晶面板等。拆解下的液晶面板送厂区内的电子固体废物（固废）回收及再资源化项目进行二次拆解。废旧平板电视机的拆解工艺如图 3-4 所示。

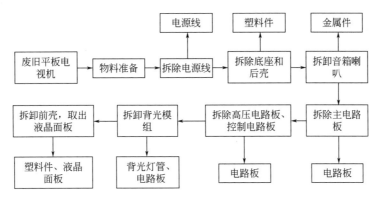

图 3-4 废旧平板电视机的拆解工艺

① 物料准备　将待拆解的物料搬运到拆解线物料入口处或工位，将待拆解的电视机搬上拆解台或上料口。

② 拆除电源线　人工从机体侧根部整齐剪切、分离电源线。

③ 拆除底座和后壳　检查电视机底座和后壳上相连部件并拆除，采用气动起子等小型设备人工拆除底座和后壳。

④ 拆除音箱喇叭　采用气动起子等小型设备人工拆除音箱喇叭。

⑤ 拆除主电路板　切断电线，取下主电路板。

⑥ 拆除高压电路板、控制电路板　采用气动起子等小型设备人工拧开螺钉，拆下高压电路板、控制电路板。

⑦ 拆卸背光模组　采用气动起子等小型设备人工拧开螺钉，拆卸下背光模组。拆卸荧光灯管时使用具有汞蒸气收集措施的专用负压工作台。

⑧ 拆卸前壳、取出液晶面板　采用气动起子等小型设备人工将液晶面板与前壳分离。

3.2.4 废旧液晶电脑的拆解工艺

废旧液晶电脑的拆解工艺包括废旧液晶电脑显示器的拆解和电脑主机的拆解两个部分，其中液晶电脑显示器的拆解工艺与平板电视机相同（图 3-4），电脑主机的拆解工艺与 CRT 电脑主机相同（图 3-3）。废旧笔记本电脑的拆解工艺与废旧液晶电脑相同。

3.2.5 废旧空调的拆解工艺

空调的拆解有两种工艺方案，根据需要选择"直接人工拆解"或"人工＋机械破碎分选"的方式进行拆解。

（1）废旧空调室外机的拆解工艺

拆解方案一为均采用人工按步骤进行拆解；方案二为将电机、压缩机、电路板、元器件等需要单独收集的部件人工分离，而后放入冰箱成套拆解设备中破碎，采用风选、磁选和涡电流分选的方法分离其中的塑料件和金属件等组分。

废旧空调室外机的拆解工艺如图 3-5 和图 3-6 所示。

（2）废旧空调室内机的拆解工艺

拆解方案一为采用人工按步骤进行拆解；方案二为将面板部件、电机、电器盒、贯流风

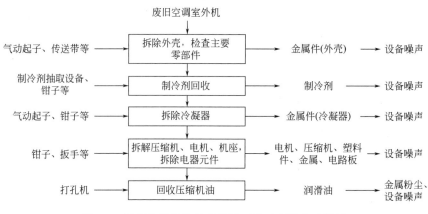

图 3-5　废旧空调室外机的拆解工艺（直接人工拆解）

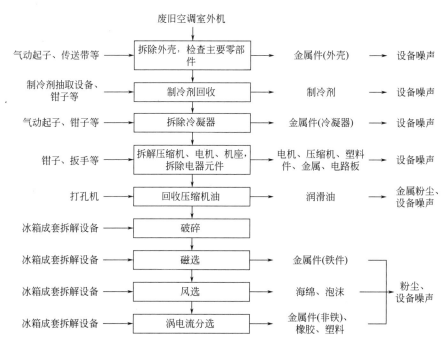

图 3-6　废旧空调室外机的拆解工艺（人工＋机械破碎分选）

叶等需要单独收集的部件人工分离，而后放入冰箱成套拆解设备中破碎，采用风选、磁选和涡电流分选的方法分离其中的塑料件和金属件等组分。

废旧空调室内机的拆解工艺如图 3-7 和图 3-8 所示。

3.2.6 ▶ 废旧洗衣机的拆解工艺

废旧洗衣机的拆解工艺主要包括：拆除外壳；拆除分离机体小配件；拆解主机体等。废旧洗衣机的拆解工艺如图 3-9 所示。

① 拆除外壳　把原材料放在生产线上，采用气动螺钉旋具等小型设备人工取下外壳上面的螺钉，取下外壳，剪下相连电线。

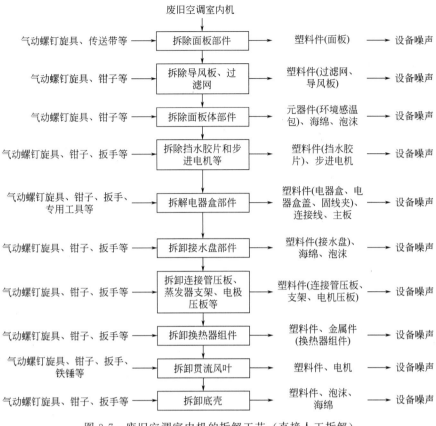

图 3-7　废旧空调室内机的拆解工艺（直接人工拆解）

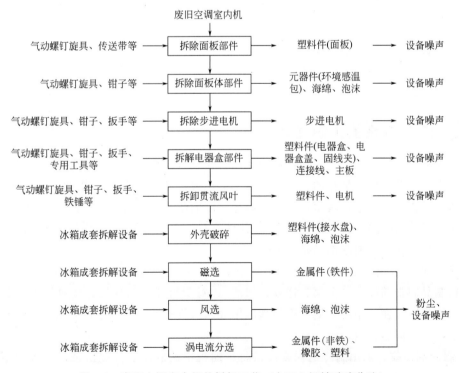

图 3-8　废旧空调室内机的拆解工艺（人工＋机械破碎分选）

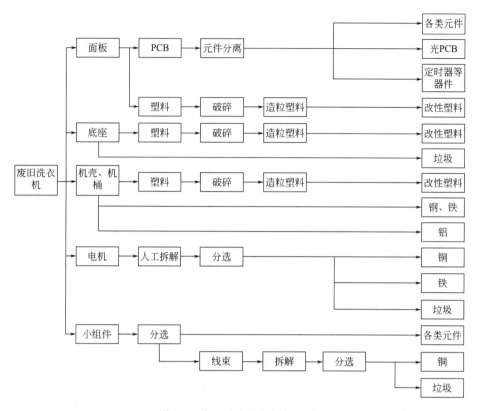

图 3-9　废旧洗衣机的拆解工艺

② 拆除分离机体小配件　采用气动螺钉旋具等小型设备人工取下机体上的螺钉，卸下塑胶板、开关、变压器、皮带等配件，并分别放入对应储物盒内，拔下或剪下电线，电线放入对应储物盒内。

③ 拆解主机体　采用气动螺钉旋具等小型设备人工取下内桶护圈，排出圈内废水于废水储存桶内，卸下电机、排水管与机体底座，卸下波轮。

3.2.7 废旧冰箱的拆解工艺

废旧冰箱的拆解工艺主要包括：拆除压缩机盖板，检查冰箱主要零部件；预处理；制冷剂回收；拆除压缩机座、散热器；拆解压缩机、电器元件，回收压缩机油；箱体破碎分选；磁选；风选；涡电流分选；聚氨酯泡沫减容等。废旧冰箱的拆解工艺如图 3-10 所示。

① 拆除压缩机盖板，检查冰箱主要零部件　采用气动螺钉旋具等小型设备人工拆除压缩机盖板，检查冰箱主要零部件是否完整。

② 预处理　采用气动螺钉旋具等小型设备人工取下风扇、定时器等部件放入容器内；取下塑料制品附带的异物（金属、橡胶、玻璃），对塑料部件的材质、颜色等进行分类并放入容器内；将贴敷在冰箱门内侧的密封圈取出放入回收容器内；取下电路板，剪下周围的电线，分别放入不同容器内。

③ 制冷剂回收　采用制冷剂抽取设备将压缩机中的制冷剂抽取出来，送入特制的容器中存储。

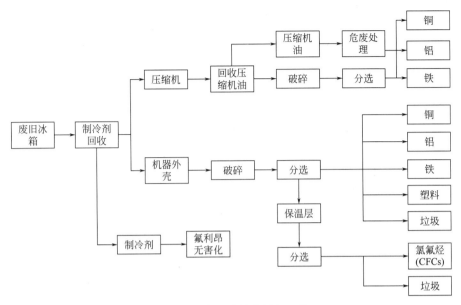

图 3-10 废旧冰箱的拆解工艺

④ 拆除压缩机座、散热器 采用气动螺钉旋具等小型设备人工拆除压缩机座、散热器。

⑤ 拆解压缩机、电器元件，回收压缩机油 采用气动螺钉旋具等小型设备人工拆解压缩机、电线、橡胶、金属、电路板，将压缩机打孔，用专用容器回收储存压缩机油。

⑥ 箱体破碎分选 采用气动螺钉旋具等小型设备手工拆除箱体上的固定件，将冰箱箱体逐台放入成套的冰箱拆解分离设备中进行多级破碎。

⑦ 磁选 利用金属铁的特性，采用磁力将其从破碎后的混合物中分离出来。

⑧ 风选 采用风力进行分选，将较轻的聚氨酯泡沫（粒径约 2cm）从破碎后的混合物中分离出来。

⑨ 涡电流分选 涡电流分选是利用物质电导率不同进行分选的一种技术，涡电流分选主要将金属铜、铝和塑料件分离开来，分别进行收集。

⑩ 聚氨酯泡沫减容 破碎后分选出的聚氨酯泡沫，在冰箱拆解设备中经过挤压装置进行挤压，将分散的聚氨酯泡沫颗粒挤压成块，以达到减容的目的。

3.3 厂区三废的处理措施

3.3.1 废水的产生及处理措施

（1）废水的来源及处理措施

该电子废弃物处理企业厂区产生的废水主要包括生产废水和生活污水。拆解过程中不用水，但是废旧洗衣机中的平衡环内含有少量平衡水，主要成分为浓度 17% 的 NaCl 溶液，含量为 0.7kg/台，现有厂区平衡水产生量约 0.093m³/d。平衡水单独收集，根据《废弃电器电子产品规范拆解处理作业及生产管理指南》（2015 年版）的要求，洗衣机平衡水的处理要求为稀释后达标排放。因此，收集的平衡水排入生活污水预处理设施中和生活污水进行稀释

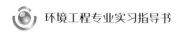

处理。

该电子废弃物处理企业厂区内未设置宿舍及餐厅，厂区生活污水主要来自于职工卫生间产生的污水。厂区现有员工 930 人，人均生活用水定额以 50L/d 计，产污系数为 85%，则全厂生活污水排放量 39.53m³/d，排入厂区内现有的生活污水预处理设施（2 个，单个容积为 30m³）进行处理。在 B 镇工业废水处理厂整改完成前通过槽车拖运至 B 镇生活污水处理厂，采用卡鲁塞尔氧化沟工艺进行处理。待 B 镇工业废水处理厂建设完成后，排入市政管网，由 B 镇工业废水处理厂进行处理。

（2）地下水污染防控措施

该电子废弃物处理企业生产过程中不用水。根据该企业所处区域的地质情况分析，可能对地下水造成污染。废弃电器电子产品拆解区域、原料上料及暂存区域、拆解产物暂存区域泄漏的废液以及废水处理设施、废水管道的污水下渗等可能会对地下水造成污染。

厂区地下水污染的防控采用"源头控制、分区控制、污染监控、应急响应"的防渗原则。在做好防止和减少"跑、冒、滴、漏"等源头防污措施的基础上，采取主动与被动防渗相结合的方式，对厂区内各重点单元进行分区防渗处理。

该电子废弃物处理企业生产过程中可能产生的泄漏物主要为洗衣机平衡水、压缩机内制冷剂、电机内润滑油、液晶面板内液晶等。如果这些物质在拆解和储存过程中发生泄漏，需要及时进行处理。

3.3.2 废气的产生及处理措施

该电子废弃物处理企业生产过程中产生的废气主要为废旧电视/电脑拆解过程中产生的粉尘、CRT 屏锥分离过程中产生的粉尘、冰箱拆解过程中产生的废气和空调拆解过程中产生的废气。

（1）废旧电视/电脑拆解过程中的粉尘处理

废旧电视/电脑的拆解粉尘主要来源于其除尘工序，在采用吸尘器除尘过程中会有少量灰尘散逸。

厂房内现有 4 条废旧电视/电脑（共用）拆解生产线，每个拆解工位均设置有集气装置（粉尘收集率为 90%），通过管道连接至末端的 3 套中央集尘装置。其中 1 套中央集尘装置设计风量为 20000m³/h，另 2 套中央集尘装置单套设计风量为 60000m³/h，目前实际运行风量总计约为 60000m³/h，采用布袋除尘器处理后分别经 2 根 15m 高的排气筒排放。

（2）CRT 屏锥分离过程中的粉尘处理

CRT 屏锥分离过程中产生的粉尘主要来源于 CRT 电脑显示器及 CRT 电视拆解过程中屏锥分离和荧光粉负压吸收等工序。

厂房内现有项目屏锥分离设备 13 套，采取电加热法进行屏锥分离。电加热法是利用电热丝加热-骤冷热应力使屏锥分离的方法，基本无粉尘产生。荧光粉采用负压收集装置收集，收集工位处均设置有抽风装置，将收集过程中逸散的粉尘收集至中央集尘装置内处置。中央集尘装置采用滤筒除尘器进行粉尘收集。

含尘气体进入除尘器灰斗后，由于气流断面突然扩大及气流分布板作用，气流中一部分粗大颗粒在动力和惯性力作用下沉降至灰斗。粒度细、密度小的尘粒进入滤尘室后，通过布朗扩散和筛滤等组合效应，使粉尘沉积在滤料表面上，净化后的气体进入净气室由排气管经风机排出。

（3）冰箱拆解过程中的废气治理

冰箱拆解过程中产生的废气主要来源于冰箱箱体破碎及聚氨酯泡沫减容等工序。

厂房内现有 1 条废旧冰箱拆解生产线。废旧冰箱拆解过程中产生的污染物主要为冰箱箱体破碎产生的粉尘，以及聚氨酯泡沫在破碎和减容的压缩过程中释放的少量发泡剂，主要组分为氯氟烃（CFCs）类气体，以非甲烷总烃计。

废旧冰箱箱体破碎及聚氨酯泡沫减容均在密闭的废旧冰箱拆解生产线内进行，产生的冰箱拆解废气通过管道收集至末端设置的 1 套"布袋除尘＋活性炭吸附"装置内处理，设计风量为 10000m³/h，处理后经 1 根 15m 高的排气筒排放。

（4）空调拆解过程中的废气治理

空调拆解废气主要来源于少量空调采用冰箱成套拆解设备进行破碎的过程，主要污染物为粉尘。拆解过程在厂房内废旧冰箱拆解生产线上完成，产生的废气与冰箱拆解废气一并通过管道收集至末端设置的 1 套"布袋除尘＋活性炭吸附"装置内处理，设计风量为 10000m³/h，处理后经 1 根 15m 高的排气筒排放。

3.3.3　固体废物的产生及处理措施

该电子废弃物处理企业生产过程中产生的固体废物主要来源于拆解过程、废气处理过程和生活办公过程。产生的固体废物分为一般固体废物和危险废物。

（1）一般固体废物的产生及处理措施

该电子废弃物处理企业生产过程中产生的一般固体废物主要包括塑料件、金属件、无铅玻璃、聚氨酯泡沫、线束、泡沫/海绵、电机、压缩机、电容、锂电池、液晶面板、制冷剂（氟利昂、异丁烷）、粉尘和生活垃圾等。

塑料件部分由厂房内塑料造粒生产线回收，部分外售给塑料回收企业；金属件出售给金属制品企业；无铅玻璃出售给玻璃生产企业；线束交由进口废电线电缆定点加工利用单位处理；聚氨酯泡沫、泡沫/海绵销售给下游厂家综合利用或填埋；电机交由废电机定点加工利用单位处理；压缩机交由废压缩机定点加工利用单位处理；电容出售给电容生产厂家；锂电池由厂房内锂电池及保密拆解生产线回收；液晶面板由厂房内废旧液晶屏拆解线建成后回收；制冷剂（氟利昂）交省级环保主管部门备案的单位进行回收；制冷剂（异丁烷）在具有强制排风的环境下稀释放空；粉尘和生活垃圾由环卫部门统一清运。

（2）危险废物的产生及处理措施

该电子废弃物处理企业生产过程中产生的危险废物主要包括含铅玻璃、背光灯管、电路板、电子元器件、荧光粉、金属粉尘、废活性炭和废滤布等。

电路板由厂房内废旧 PCB 回收综合利用生产线回收；背光灯管在厂区内暂存，交有资质单位进行无害化处置；含铅玻璃和荧光粉交有资质单位进行无害化处置；其余危险废物均送有资质单位进行无害化处置。

该电子废弃物处理企业涉及危险废物的贮存。对于危险废物的贮存管控，我国颁布的《危险废物贮存污染控制标准》（GB 18597—2001）对危险废物堆放的堆放贮存场地提出了严格的防渗要求，防渗层是至少为 1m 厚的黏土层，其渗透系数不应大于 10^{-7}cm/s，或 2mm 厚的高密度聚乙烯膜，或至少 2mm 厚的其他人工材料，相应的渗透系数不应大于

10^{-10} cm/s。危险废物库房采取了严格的"防风、防雨和防渗"措施。危险废物库房内设置了环形的导流沟，防止废液泄漏对土壤和地下水造成污染。

3.4 电子废弃物的概述与管理现状

电子废弃物也叫电子垃圾，是指被废弃不再使用的电子电器类产品及设备，包括被淘汰的电视机、空调、洗衣机、电冰箱和电脑（简称"四机一脑"）等电器产品。根据中国家用电器研究院测算，2013～2016年，我国的"四机一脑"理论报废量保持在1.15亿台/年，基本保持平稳状态。2016年，我国的"四机一脑"保有量为19.7亿台，而理论报废量为1.12亿台。2013～2016年，我国电冰箱、空调、洗衣机、电视机、电脑理论报废量的复合增长率分别为18.75%、15.51%、5.17%、−1.52%和−16.15%，从结构上看，电冰箱、空调、洗衣机、电视机、电脑理论报废量体现出较大的差异性。2017年，电视机保有量为5.45亿台、电冰箱保有量为4.25亿台、洗衣机保有量为4.03亿台、空调保有量为4.33亿台、电脑保有量为2.68亿台。2017年，"四机一脑"回收量为16370万台，拆解量却只有7900万台，仅占回收量的1/2左右，说明大量的废旧家电流入非正规拆解渠道或者二手市场。预计到2022年，"四机一脑"理论报废量总计2.37亿台，其中电视机理论报废量0.64亿台、电冰箱0.36亿台、洗衣机0.33亿台、空调0.53亿台、电脑0.51亿台。

3.4.1 电子废弃物中的组分

（1）资源性组分

废弃线路板中包含有色金属和稀有贵金属等资源性组分。据统计，1t随意收集的电脑线路板中大约含有272kg的塑料，130kg的铜，41kg的铁，29kg的铅，20kg的锡，18kg的镍，10kg的锑，0.45kg的黄金，9kg的银、钯和铂等其他贵金属。仅废电脑电路板中含有的金、银、铂、钯等贵金属的价值就高达数万美元，废弃线路板中金、铜的含量相当于美国金矿品位的40～800倍，铜矿品位的30～40倍，可见电子废弃物中资源性组分的回收价值巨大。常见废弃线路板及其材料组成如图3-11和表3-4所示。

图 3-11　常见废弃线路板的实物

表 3-4　常见废弃线路板的材料组成

材料种类	材料名称	含量	材料种类	材料名称	含量
金属(40%)	铜(Cu)	20%	塑料(30%)	含碳、氢、氧聚合物(聚乙烯、聚丙烯、聚酯、聚碳酸酯、酚醛)	大于25%
	铁(Fe)	8%		卤化物	小于5%
	锡(Sn)	4%		含氮聚合物	小于1%
	镍(Ni)	2%	惰性氧化物(30%)	硅酸	约15%
	锌(Zn)	2%		氧化铝	约6%
	铅(Pb)	2%		碱和碱性氧化物	约6%
	银(Ag)	0.2%		碳酸钡和云母(钾、镁、硅酸铝等)	3%
	金(Au)	0.1%			
	钯(Ba)	0.005%			

（2）毒害性组分

除了资源性组分外，电子废弃物中也含有一定的毒害性组分，对资源性组分的利用造成不利的影响。

电视机：印制电路板或电子元器件中含有铅、汞和六价铬等重金属，显像管玻璃中含有铅，平均每台电视中含有 1.8kg 的铅。

电冰箱、空调：压缩机中的冷凝剂 CFCs（氟利昂）是造成臭氧层破坏的主要物质。

废旧电脑：电路板中含有铅和镉，CRT 显示器阴极射线管中含有氧化铅和镉，平均每台 CRT 中含有 1.8～3.6kg 的铅，开关和液晶显示器中含有汞，另外还有六价铬、钡、铍等对人体有严重危害的重金属。

家电和电子产品：塑料件中含有溴化阻燃剂，这些有毒化学物质会通过焚烧、焚烧炉灰或填埋液等方式排放到环境中。

鉴于毒害性组分可能带来的环境风险，一些含有毒害性组分的电子废弃物元器件需要妥善处理。下列电子废弃物中的元部件应单独拆除、分类收集：

① 显示器、电视机中的阴极射线管（CRT）。

② 表面积大于 $100cm^2$ 的液晶显示屏（LCD）及气体放电灯泡。

③ 表面积大于 $10cm^2$ 的印制电路板。

④ 含多溴联苯或多溴二苯醚阻燃剂的塑料电线电缆、机壳等。

⑤ 多氯联苯电容器及含汞零（部）件。

⑥ 镉镍充电电池、锂电池等。

⑦ 废电冰箱、空调及其他制冷器具压缩机中的制冷剂与润滑油。

欧盟最新的《关于在电子电气设备中限制使用某些有害物质指令》（2013 版 RoHS 指令）中对电子电器产品与设备中有害物质的含量做了明确要求，Pb、Cd、Cr^{6+}、Hg 等重金属及多溴联苯（PBBs）、多溴二苯醚（PBDEs）等有机物含量限值应控制在一定的范围内，如表 3-5 所示。

表 3-5　欧盟 RoHS 指令有害物质含量限值

序号	有害物质	含量限值
1	铅（Pb）	不超过 0.1%
2	镉（Cd）	不超过 0.01%
3	汞（Hg）	不超过 0.1%
4	六价铬（Cr^{6+}）	不超过 0.1%
5	多溴联苯（PBBs）	不超过 0.1%
6	多溴二苯醚（PBDEs）	不超过 0.1%
7	溴环十二烷、邻苯二甲酸二（2—乙基）己酯（DEHP）、邻苯二甲酸丁基苯基酯（BBP）、邻苯二甲酸二丁酯（DBP）等	应被优先关注

我国电子废弃物中的主要污染物包括 Cu、Al、Pb、Zn、Hg、Cd、Cr^{6+}、多溴联苯（PBBs）、多溴二苯醚（PBDEs）、聚乙烯（PE）、聚氯乙烯（PVC）、聚苯乙烯（PS）等。

3.4.2 电子废弃物的处理技术

针对不同类别的电子废弃物，其处理方式可分为以下 4 种：人工拆解/分类、粉碎/分选、火法（干法）冶金技术和湿法冶金技术。

（1）人工拆解/分类

对于较大型且完整的电子废弃物进行人工拆解和分类整理，回收单一金属如铁、铝、铜及塑料、玻璃等资源性组分，需要进一步处理的原料如电路板、电线、电镀金属等集中收集后通过粉碎/分选、电析回收等工序处理。目前，电子废弃物的手工拆解仍然占有很大比例，如图 3-12 所示。

图 3-12　电子废弃物的人工拆解现场

（2）粉碎/分选

粉碎/分选处理是利用破碎、粉碎、研磨、分选和清洗等工序将电子废弃物研磨至粉粒状，将不同材质的粉粒分离，再利用磁选、重力分选和涡电流分选等方法将资源性组分进行分离和回收处理。

磁选：利用不同金属之间磁化率的差异性，实现铁磁性金属和非铁磁性金属的分离。

重力分选：是根据不同物质颗粒间的密度或粒度差异，在运动介质中受到重力、介质动力和机械力的作用，使颗粒群发生松散分层和迁移分离，从而得到不同密度或粒度产品的分选过程，常见的形式为风选、重介质分选等。

涡电流分选：利用不同物质电导率的差异性，实现导电物质和非导电物质的分离，其工艺流程如图 3-13 所示。磁石转筒高速旋转，产生一个交变磁场，当有导电性能的金属通过磁场时，将在金属内产生涡电流。涡电流本身产生交变磁场，并与磁石转筒产生的磁场方向相反，即对金属产生排斥力，使金属分离出来。涡电流分选主要是将金属和塑料件分离，分别进行收集。

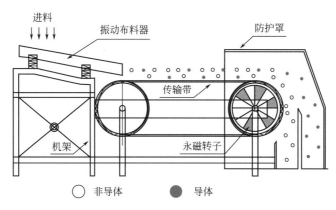

图 3-13　涡电流分选的工艺流程

（3）火法（干法）冶金技术

火法冶金也叫干法冶金，从电子废弃物中回收贵金属的一般工艺流程为破碎、制样、焚烧和物理分选、熔融冶炼样品。用化学或电解的方法进一步精炼得到粒化的金属。火法冶金技术提取贵金属的工艺流程如图 3-14 所示。

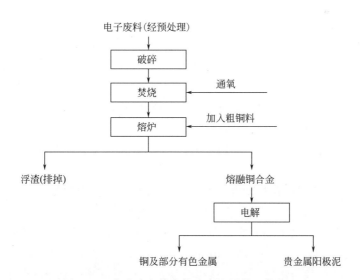

图 3-14　火法冶金技术提取贵金属的工艺流程

（4）湿法冶金技术

采用湿法冶金技术回收电子废弃物中的贵金属，该技术的基本原理是利用贵金属能溶解在硝酸、王水中的特点，将其从电子废弃物中脱除进入液相中，并从液相中予以回收。湿法冶金技术提取贵金属的工艺流程如图 3-15 所示。

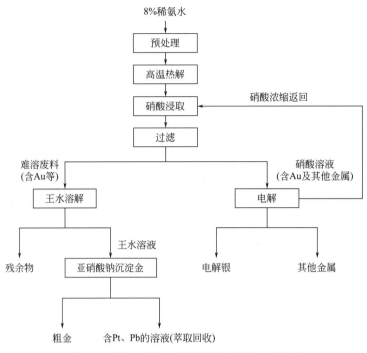

图 3-15　湿法冶金技术提取贵金属的工艺流程

3.4.3　电子废弃物的管理现状

目前，我国对电子废弃物处理行业实行行业准入政策。取得电子废弃物拆解资格，并纳入电子废弃物处理基金补贴名单的公司才能按照合规拆解量申请基金补贴。截至 2017 年底，合计五批共 109 家企业进入基金补贴名单。2013～2017 年新增公司家数分别为 48、15、3、0 和 0，总家数增长放缓明显，这体现了相关部门控制行业扩容的意图。与此同时，我国的电子废弃物拆解处理能力从 1.12 亿台/年增长至 1.54 亿台/年，复合增长率达到 11.23％。但是，电子废弃物拆解处理行业的整体开工率维持在 50％左右，产能闲置明显。电子废弃物拆解处理行业面临的主要问题包括以下两个方面。

① 拆解基金补贴迟迟不到位，业内公司应收账款急剧增长，企业现金流紧张，提高开工率动力不足。

② 部分拆解企业回收渠道不完善，回收成本高，盈利能力较差。目前，电子废弃物的收运模式仍主要采取"人工收运"的方式，如图 3-16 所示。

目前，国内外主要的电子废弃物管理的法律法规政策包括以下几个方面。

在国际上，欧盟 WEEE 指令（Waste Electrical and Electronic Equipment Directive）是最早关于电子废弃物管理的法律法规。该指令规定，欧盟市场上流通的电子电器设备的生产商必须在法律上承担起支付报废产品回收费用的责任，同时欧盟各成员国有义务制定自己的电子电器产品回收计划，建立相关配套回收设施，使电子电器产品的最终用户能够方便并且免费地处理报废设备。欧盟同时发布了《关于在电子电气设备中限制使用某些有害物质指令》（简称"RoHS 指令"），对电子电器设备中有害物质的添加使用作出了限制性规定（具

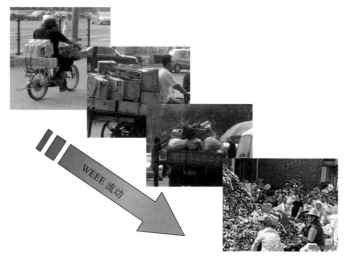

图 3-16 电子废弃物的收运模式

体规定见 RoHS 指令中 3.7.1 部分），从源头上减少电子电器设备报废后污染物的产生。

在国内，2009 年国务院颁布实施了《废旧电子产品回收处理管理条例》，规定 2011 年 1 月 1 日起由政府相关部门建立废弃电器电子产品处理基金，专门用于补贴废弃电器电子产品回收处理费用。并以此为基础，出台了《废弃电器电子产品处理目录》《废弃电器电子产品处理企业资格许可管理办法》《废弃电器电子产品处理企业资格审查和许可指南》《废弃电器电子产品处理发展规划编制指南》和《废弃电器电子产品处理企业补贴审核指南》等一系列配套政策文件。

3.5 课堂分组讨论

① 根据典型电子废弃物（"四机一脑"）的拆解工艺流程，分析拆解过程中主要的产污环节和主要污染物，探讨相应的防控措施。

② 分析我国电子废弃物处理过程中的难点，并探讨相应的解决方案。

3.6 现场实习要求

① 以图片和文字的形式进行资料收集与记录。

② 记录典型废旧大家电拆解过程的操作工序、现场的操作人员及操作器械的类型和数量。

③ 记录各类废旧大家电的拆解量，以及资源化产品的类型与产量。

④ 记录拆解过程中废气的产生量、组分、产污环节及主要的处理措施。

⑤ 记录固体废物的产生量、处理措施及产污环节；记录厂区危险废物的产生、收集、暂存和转运等管理现状。

⑥ 现场踏勘厂区内危险废物暂存间，废水、废气处理设施及监测点位布置情况。

⑦ 收集厂区环境管理的相关资料，包括机构人员配置、岗位与职能、日常环保管理制度等内容。

3.7 扩展阅读与参考资料

①《电子废弃物污染环境防治管理办法》

②《欧盟 WEEE 指令简析》

③《关于欧盟 RoHS 2.0 指令及应对》

④《废旧电子产品回收处理管理条例》

⑤《废弃电器电子产品处理目录（第一批）》

⑥《制订和调整废弃电器电子产品处理目录的若干规定》

⑦《危险废物填埋污染控制标准》（GB 18598—2001）

⑧《危险废物鉴别技术规范》（HJ/T 298—2007）

⑨《国家危险废物名录》

实习4

啤酒生产企业实习

实习目的

① 了解啤酒生产工艺与产污环节。
② 了解啤酒生产过程中产生的废气与废渣的处理方法。
③ 掌握高浓度有机废水的特点与处理方法。
④ 掌握内循环厌氧反应器（IC）的结构特点、运行过程与维护要求。

实习重点

结合实习项目高浓度有机废水的特点，在报告中提出一套高浓度有机废水的资源化与能源化利用处理工艺。

实习准备

实习前应该充分回顾所学的相关专业知识，并查阅以下资料：
① 废水的厌氧处理原理与技术。
② 升流式厌氧污泥床（UASB）工艺及其改进工艺。

4.1 啤酒生产企业简介

4.1.1 基本信息

某啤酒股份有限公司（以下简称"啤酒公司"）前身是 1903 年 8 月由德国和英国商人创建，居中国啤酒行业首位，位列世界品牌 500 强的一家企业。本实习项目在该啤酒企业某分公司进行，该分公司办公地址位于某区科技产业开发园内，公司主要经营：生产、销售啤酒（熟啤酒、生啤酒、鲜啤酒、特种啤酒）、饮料（碳酸饮料类）；回收公司啤酒瓶。公司占地 361 亩，全厂工人为 386 人，有两条生产线，一条生产普通啤酒，一条生产纯生啤酒，本次实习场所为普通啤酒生产线。

4.1.2 生产流程

啤酒公司生产厂有三个车间：一车间为酿造车间，其主要功能为糖化发酵；二车间为动力车间，其主要功能为全厂能源保障；三车间为包装车间，其主要功能为包装啤酒。啤酒的生产工艺流程与现场生产流水线如图 4-1 和图 4-2 所示。

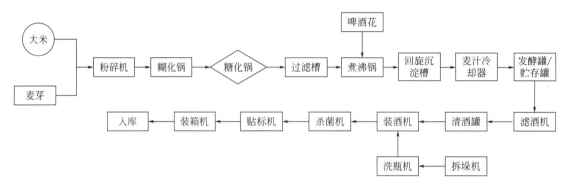

图 4-1 啤酒生产工艺流程

图 4-2 啤酒现场生产流水线

啤酒生产流程简介如下。

（1）加料粉碎

麦芽和大米在送入酿造车间之前，先被送到粉碎机粉碎。

（2）糊化

糊化处理即将粉碎的麦芽、大米与水在糊化锅中混合。糊化锅是一个巨大的回旋金属容器，装有热水与蒸汽入口，搅拌装置如搅拌棒、搅拌桨或螺旋桨，以及大量的温度控制与其他控制装置。在糊化锅中，大米中的淀粉在少量淀粉酶的作用下被糊化。

（3）糖化

麦芽在酶的作用下分解为可发酵性糖（多糖转化为单糖、二糖）。

（4）过滤

被泵入煮沸锅之前，麦芽汁需先在过滤槽中去除其中的麦芽皮壳，得到澄清的麦芽汁。

（5）煮沸

在煮沸锅中，加入啤酒花的麦芽汁混合物，混合物被煮沸以吸取酒花的味道，并起色和消毒。

（6）沉淀

在煮沸后，加入酒花的麦芽汁被泵入回旋沉淀槽以去除不需要的酒花剩余物和不溶性的蛋白。

（7）冷却

洁净的麦芽汁从回旋沉淀槽中泵出后，被送入热交换器冷却，去除低温凝固蛋白和乙醛等影响啤酒风味的物质。随后，麦芽汁中被加入酵母，开始进入发酵工序。

（8）发酵

在发酵的过程中，人工培养的酵母将麦芽汁中可发酵的糖分转化为酒精和二氧化碳、酵酯等风味物质，降至0℃贮存而得到成熟的酒液，生产出啤酒。整个过程中，需要对温度和压力做严格的控制。

（9）过滤

经发酵而成熟的啤酒在过滤机中将所有剩余的酵母和不溶性蛋白质滤去，就成为待包装的清酒，输送至清酒罐存放待灌装。采用的双重过滤工艺，不但对酿造产生的杂质去除更彻底，而且使酒液特别清澈，晶莹的水光使饮用者在享受啤酒美味的同时，还可以得到视觉的享受。

（10）装酒、杀菌和贴标

将啤酒在无菌条件下装入洗净的啤酒瓶中，后经过杀菌机进行巴氏消毒以提高啤酒保质时间，最后贴上标签，入库。

4.1.3 产污环节

该啤酒企业生产过程中会产生废水、废气、固废与噪声。废水主要来源于啤酒生产过程中糖化、糊化及发酵等工序产生的废水，包装生产线的洗瓶水，循环冷却水等。废气主要来源于布袋除尘、燃气锅炉的气体排放和啤酒的发酵阶段产生的气体。固废主要来源于工艺中各阶段产生的废渣，如多余的酵母、过滤与沉淀过程中的剩余物质。噪声来源于各个阶段的设备噪声。不同污染物的产生环节如图4-3所示。

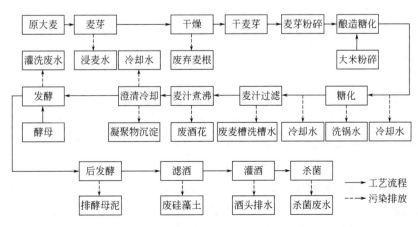

图4-3 啤酒生产工艺流程与产污环节

4.2 啤酒生产企业处理工艺及污染控制

4.2.1 废水的特征

酿造啤酒消耗大量的水，除一部分进入产品外，绝大部分将作为工业废水排入环境中。2016 年中国啤酒产量为 4506 万千升，我国啤酒厂的吨酒耗水量较大，一般每生产 1t 啤酒的用水量为 10～20t，部分厂家为 8～12t，废水排放量接近于耗水量的 90%，而每产 100t 啤酒所排放出的 BOD 值相当于 14000 人每年排放生活污水的 BOD 值，悬浮固体（SS）值相当于 8000 人每年排放生活污水的 SS 值，污染程度十分严重。随着啤酒行业的日益发展，啤酒废水的排放量逐年增加，啤酒厂废水如不经处理，在自然降解的过程中使水中的微生物大量繁殖，从而消耗了自然水体中的溶解氧，造成水体缺氧，最终导致水体发黑变臭，严重污染环境。

啤酒生产工艺的各工序所产生的废水水质、水量特点各异：制麦工序的废水主要源自浸麦水、发芽降温喷雾水及洗涤水；糖化工序的废水主要源自冷却水、洗锅水及洗麦糟水；发酵工序的废水主要源自发酵罐洗涤水和过滤洗涤水；包装工序产生的废水主要源自洗瓶水、瓶体破损流出的啤酒、冷却水及成品车间洗涤水；在厂区还有一部分的生活污水，主要来自办公楼日常生活用水及收集的雨水。

啤酒工业废水按其有机物含量分为以下几类：

（1）冷却水

冷冻机冷却水、麦汁冷却器冷却水和发酵冷却水等，这类废水基本未受污染，约占总水量的 70%，是可再利用的清洁水。

（2）清洗废水

如大麦浸渍废水、大麦发芽降温喷雾水、清洗生产装置废水、漂洗酵母水、洗瓶机初期洗涤水、酒灌消毒废液、巴斯德杀菌喷淋水和地面冲洗水等，这类废水受到不同程度的有机污染。

（3）冲渣废水

如麦糟液，冷热凝固物、酒花糟、剩余酵母、酒泥、滤酒渣过滤的滤出液和残碱性洗涤液等，这类废水中含有大量的悬浮性固体有机物，约占总量的 5%～6%，属高浓度有机废水。

（4）灌装废水

在灌装酒时，设备的跑、冒、滴、漏情况时有发生，还经常出现冒酒现象，使得废水中掺入大量残酒。另外喷淋时由于用热水喷淋，啤酒升温引起内压力上升，有"炸瓶"现象，有大量的啤酒洒散在喷淋水中。为了循环使用喷淋水，防止生物污染而加入防腐剂，因此，被更换下来的喷淋水含防腐剂成分。

（5）洗瓶废水

清洗瓶子时先用碱性洗涤剂浸泡，然后用压力水初洗和终洗。瓶子清洗水中含有残余碱性洗涤剂、纸浆、染料、浆糊、残酒和泥砂等。

虽然啤酒废水并不具有毒性，但是由于啤酒工业废水中含有糖类、醇类、酵母菌残体、酒花残糟、蛋白质、挥发性脂肪酸、可溶性淀粉等有机物且浓度较高，很容易腐败，可见啤酒废水可生物降解性很高，如果排入自然水体中就会大量地消耗水中的溶解氧导致地表水的富营养化，对生态环境造成严重的影响。

《啤酒工业污染物排放标准》（GB 19821—2005）已于2006年1月正式实施，其中明确规定了啤酒工业废水无论处理与否均不得排入《地表水环境质量标准》（GB 3838）中规定的Ⅰ、Ⅱ类水域和Ⅲ类水域的饮用水源保护区和游泳区，不得排入《海水水质标准》（GB 3097）中规定的Ⅰ类海域的海洋渔业水域、海洋自然保护区。自2008年5月1日起，现有企业的废水排放执行该标准规定的排放限值，具体排放限值如表4-1所示。从2017年1月1日起正式实施的《四川省岷江、沱江流域水污染物排放标准》（DB51/2311—2016）中对啤酒行业污水处理设施的规定为按照相应的国家或地方（综合或行业）水污染物排放标准执行。

表4-1 《啤酒工业污染物排放标准》（GB19821—2005）具体排放限值

水质指标	COD_{Cr}/(mg/L)	BOD_5/(mg/L)	SS/(mg/L)	NH_3-N/(mg/L)	TP/(mg/L)	pH 值
预处理	500	300	400	—	—	6～9
直接排放	80	20	70	15	3	6～9

4.2.2 啤酒废水的处理工艺

该啤酒厂产生废水主要为清洗锅炉和发酵过程产生的高浓度有机废水、冷却水和杀菌废水，每生产4000t酒约产生400t废水，由啤酒厂的污水处理站进行处理。

根据该啤酒厂的废水特点，污水处理站采用IC工艺对该厂废水进行处理，由于酒厂产生的废水性质差别较大，故污水处理站采取分水质特征、分时段的方法进行处理。冷却水处理较简单，而高浓度有机废水及杀菌废水处理较为复杂，具体污水处理工艺流程见图4-4。

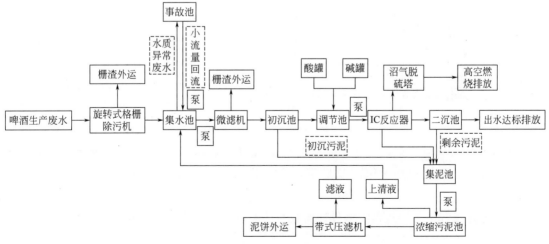

图4-4 啤酒厂污水处理工艺流程

啤酒生产废水经管道直接进入粗格栅后，由旋转式格栅除污机除去大块漂浮物进入集水池，由提升泵提升至微滤机，去除麦糠等悬浮物后自流入初沉池，沉淀去除硅藻土等密度较大的悬浮物自流进入调节池，充分调节水量，均衡水质。调节之后的废水泵入 IC 反应器中进行厌氧反应，将大部分有机物转化为沼气和水，产生的沼气经脱硫塔脱硫后进行高空燃烧排放，反应器出水进入二沉池，沉淀后达标排放进入工业区污水处理厂，出水水质达到《啤酒工业污染物排放标准》（GB 19821—2005）预处理排放标准。

对于水质异常的废水，如 pH 值偏高，则先泵入事故池，再以小流量回流到集水池与其他废水充分混合后进入后续处理单元。如果调节池内废水 pH 值偏高或偏低，则加酸或碱进行调节。初沉池沉淀污泥、IC 反应器和二沉池剩余污泥排入集泥池，再用泵提升进入污泥浓缩池进行浓缩。浓缩后的污泥利用带式压滤机进行污泥脱水，上清液和滤液回流到集水池重新处理，脱水后的污泥含水率在 $75\% \sim 80\%$，由具有相关资质的单位完成无害化处理。

IC 反应器属于厌氧反应器，进水通过潜水提升泵提升，首先通过 IC 反应器底部布水器均匀布水进入反应器下部第一反应室，水流呈升流式进入第一反应室内与厌氧颗粒污泥均匀混合。通过产酸发酵过程，啤酒废水中的高浓度有机物被部分降解为沼气，通过第一反应室上部集气罩对沼气进行收集，收集后，沼气沿着提升管上升，与此同时，第一反应室的混合液被提升至反应器顶部的气液分离器，沼气通过排气管排出。通过气液分离器分离出的泥水混合液沿着设置的回流管回流至第一反应室底部，与进水和底部的厌氧颗粒污泥充分混合，实现混合液在第一反应室的内部循环。通过泥水混合液在第一反应室内循环，保留很高的生物量，防止污泥流失，污泥具有很长的污泥龄，且上升流速能保持高速状态，使得第一反应室的污泥达到流化状态，提高传质速率，进而提高了第一反应室去除有机物的能效。啤酒废水在 IC 反应器内经过第一反应室处理后，自动进入第二反应室，第一反应室未完全降解的低浓度有机物质由第二反应室内的厌氧颗粒污泥继续降解，稳定并提高了出水水质。第二反应室产生的沼气通过第二反应室的集气罩收集，进入气液分离器，沼气沿着排气管排出，出水通过出水管收集后进入下一反应构筑物，第二反应室的泥水混合液进入沉淀区进行固液分离，上清液由出水管排走，污泥返回至第二反应室，实现第二个内循环。IC 反应器的结构如图 4-5 所示。

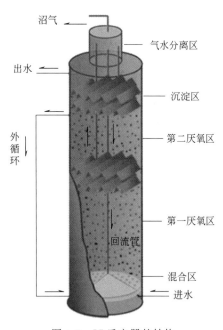

图 4-5 IC 反应器的结构

污水处理过程中各构筑物主要设计参数与关键控制要点如表 4-2 所示。

表4-2 污水处理过程中各构筑物主要设计参数与关键控制要点

构筑物名称	作用	参数	项目	控制标准	控制要点	处置措施
旋转式格栅除污机	截留较大悬浮物和杂物	长3m，宽1m，高2.7m，栅齿间隙3cm，栅网速度2.2m/min，倾角60°	格栅运转	集水池无大块悬浮物	格栅无破损，漏齿栅前进水通畅，无大块杂物	清理杂物，维修栅齿
			异味	无明显异味	及时清理槽渣池	下雨前清空槽渣池
初沉池	对密度较大的无机悬浮物进行分离和去除	直径12m，有效水深3.5m，有效容积350m³，停留时间1.9h	出水SS	≤400mg/L	及时清理进水及出水堰周围固浮渣，巡检刮泥机是否正常运转	出水SS偏高，检查微滤机滤网及刮泥机是否正常
			排泥	排泥周期≤2天	每天排泥一次，排泥时间15~60min	污泥发白并带有气泡时应加大排泥量
调节池	调节水量、均衡水质	长16.5m，宽13.5m，高6.5m，有效水深6.2m，有效容积1150m³，停留时间6.18h	出水pH值	6.8~8.5	定期检测pH值	及时添加碱调节
			出水温度	20~40℃	超过温度范围及时采取升温或降温措施，日温度波动不超过5℃	增加停留时间或开启加热装置
			出水COD	≤2500mg/L	开启搅拌系统，保证水质均匀，COD波动范围不超过20%	减少厌氧进水量，用二沉池出水稀释来水，泵入调节池
			出水SS	≤400mg/L	每年利用淡季进行清淤	及时清淤
			水位	最高液位5.5m	液位接近最高限值时集水池停止提水	停产前将调节池贮满水
IC反应器	常温厌氧，在厌氧微生物的作用下将复杂有机物转化为二氧化碳、甲烷等	直径7.5m，高20m，有效容积880m³，停留时间9h	进水pH值	6.8~8.5	每小时巡检进水pH值	及时添加酸、碱调节
			出水COD	≤425mg/L	进水COD浓度波动不超过20%，进水负荷不高于厌氧罐容积负荷的20%，控制进水上升流速	减少进水量
			出水SS	≤400mg/L		二沉池出水回流
			水封罐液位	液位计1/3高度处	每班巡检水封罐液位，每周检查进水罐内积泥情况	及时补水或排水，定期清淤
			挥发性脂肪酸（VFA）	100~500mg/L	控制进水pH值，避免酸化	VFA过高，减少进水负荷，提高进水pH值
			三相分离器	完好、无漏气点	巡检厌氧管水面有无鼓气漂泥现象	发现漏点及时维修

4.3 课堂分组讨论

① 根据啤酒生产工艺，分析产生的废弃物的类型及特点。

② 分析不同阶段产生污水的特征，讨论是否有必要混合处理，哪些污水经简单处理可以回用。

③ 分析高浓度有机废水的资源化利用途径。

④ 分析高浓度有机废水常用处理工艺、原理及适用范围。

⑤ 分析目前该厂的处理技术的优势与缺点，可供改进的方向与技术。

4.4 现场实习要求

① 以图片和文字的形式进行现场记录。

② 记录啤酒废水的产生量，进、出水水质，处理工艺流程，各处理环节详细的设计和运行参数。

③ 记录企业废气、废渣、噪声的特征与处理工艺流程，以及各处理环节详细的设计和运行参数。

4.5 扩展阅读与参考资料

①《升流式厌氧污泥床反应器污水处理工程技术规范》（HJ 2013—2012）

②《啤酒工业污染物排放标准》（GB 19821—2005）

③《酿造工业废水治理工程技术规范》（HJ 575—2010）

生活污水处理厂生产实习

实习目的

① 了解城市生活污水的处理工艺。

② 了解城市污水处理厂提标改造的背景和技术途径。

③ 了解常规生活污水处理厂的臭气来源，明确污水处理厂产气环节。

④ 了解城市生活污水厂污泥的产生环节与特点。

⑤ 掌握 A^2O 工艺的优缺点与改进方式。

⑥ 掌握膜生物反应器（MBR）的结构特点、运行过程与维护要求。

⑦ 掌握臭气的组分、浓度和控制方式等。

⑧ 掌握污水处理厂的臭气处理工艺。

⑨ 掌握城市生活污水厂污泥的主要处理技术。

实习重点

① 在实习报告中需论述当前生活污水处理厂提标改造的必要性和可行性，是否应该将标准提高到地表水Ⅳ类标准。

② 结合实习项目产生臭气的环节与特点，在实习报告中设计一个污水处理厂臭气控制与处置的技术方案。

③ 结合实习项目产生污泥的特点，在实习报告中设计一个污泥资源化处理的技术方案。

实习准备

实习前应该充分回顾所学的相关专业知识，并查阅以下资料：

① 污水中有机物去除与同步脱氮除磷技术。

② 污水处理厂臭气的来源与主要处理技术。

③ 生活污泥的主要处理处置技术。

5.1 城市生活污水处理厂简介

某城市污水处理厂建成于1998年，隶属于某环境集团，该集团拥有30年的污水处理经验，掌握了多项污水处理核心工艺技术，水质标准、运营管理、融资能力等均处于国内领先水平。

该城市污水处理厂服务面积约63.9km²，厂区占地面积66亩。工程分两期建设：一期处理工程规模10万立方米每天，2004年9月建成通水；二期在一期的基础上进行扩能提标改造，改造后总处理规模15万立方米每天，于2016年6月30日通水。在不新增用地、不停产的情况下采用多相组合膜生物反应器（MP-MBR）处理工艺完成扩能提标改造工程，污水处理提高了5万立方米每天的产能，改造后污水处理厂的平面布置如图5-1所示。

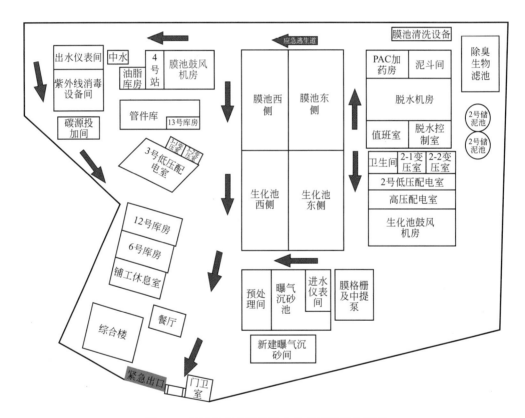

图 5-1 某城市改造后的污水处理厂平面布置图

改造后排放标准在《城镇污水处理厂污染物排放标准》（GB 18918—2002）一级 A 的基础上，主要指标提升至《地表水环境质量标准》（GB 3838—2002）Ⅳ类，在全国起到了污水处理厂改造示范作用，可向城市河湖环境、绿化等领域提供达到Ⅳ类水质标准的高品质再生水，还可提供用作工业及生活的杂用水，极大地提高水资源利用水平，有效解决该市中心城区污水增量问题，同时对改善该市水环境具有极大的促进作用。

5.2 城市生活污水处理厂的处理工艺及污染控制

5.2.1 处理工艺

（1）改造前处理工艺与处理效果

该污水处理厂的建设规模近期为 10 万吨/天，远期为 15 万吨/天，总变化系数 K_z＝1.3。改造前污水处理厂的工艺流程如图 5-2 所示。本工程包括截流井、粗格栅井，按照远期 15 万立方米每天的规模建设；提升泵房、细格栅、污泥脱水间、鼓风机房、变配电间等土建按照远期 15 万立方米每天的规模建设，设备按照近期 10 万立方米每天的规模安装；曝气沉砂池、一体化生化池、滤池、储泥池、紫外消毒渠等按 10 万立方米每天的规模建设，设备按照 10 万立方米每天的规模安装；脱臭系统按本期工程需要配置；厂内管道系统根据构筑物配套情况按照远期或近期规模需求设计。改造前的设计进、出水水质如表 5-1 所示。

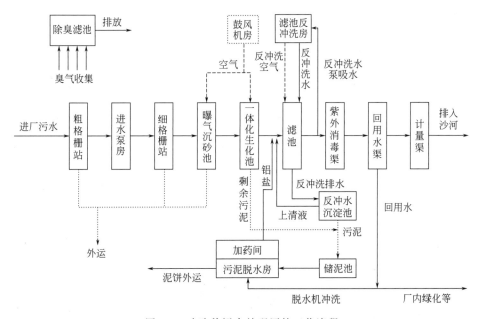

图 5-2 改造前污水处理厂的工艺流程

表 5-1 改造前设计进、出水水质

水质指标	BOD$_5$	COD$_{Cr}$	SS	TN	NH$_3$-N	TP
进水/(mg/L)	200	400	240	40	30	4
出水/(mg/L)	10	50	10	15	5	1
处理率/%	95	87.5	95.83	62.5	83.3	75

① 改造前处理构筑物与设计参数

a. 粗格栅。粗格栅的功能是将污水中尺寸比较大的漂浮物拦截下来，避免这些杂质影响到泵和后续环节的运行。

粗格栅的设计参数如下：

城市污水管网收集管道末端直径：$DN1400$。

流量：$Q_{max}=1.5\,m^3/s$。

过栅流速：$v_{max}=0.65\,m/s$。

栅条间隙：$b=25mm$。

安装倾角：$80°$。

粗格栅渠数量：2道。

清渣机类型：自动清渣机。

清渣机功率：$P=1.1kW$。

粗格栅数量：2道。

粗格栅进水渠宽：$1.4m$。

格栅垂直高度：$9.95m$。

栅前水深：$1.2m$。

在所有的粗格栅前布置B（宽）×H（高）$=1.0m×1.0m$铸铁手动闸门，方便后期的检修和切换。

粗格栅的运行方式：按照粗格栅的栅前栅后液位差，或者按照时间间隔由可编程逻辑控制器（PLC）自动控制系统来进行自动清渣，如果遇到自动运行故障或者渣量增大等特殊情况时也可就地手动控制进行清渣。

b. 污水提升泵房。污水提升泵房的功能是从粗格栅将污水输送到细格栅进水端，确保其原始高程满足设计要求，不会影响到后续构筑物的自流排放。

污水提升泵房的设计参数如下：

水泵数量与类型：安装有5台潜水泵（其中有一台为备用）。

流量：$Q=1400\,m^3/h$。

扬程：$H=15m$。

水泵轴功率：$P=75kW$。

污水提升泵房的运行方式：利用PLC自动控制系统对水泵的工作状态进行控制，从而管理污水泵坑水位，以累计运行时间的长短为顺序轮流运行，在特殊状况下可以采用手动控制方式。

c. 细格栅。污水经提升后进入细格栅中，其主要作用是将污水水面上漂浮的杂质拦截下来，避免影响到后续环节的运行。

细格栅的设计参数如下：

细格栅设计流量：$1.5\,m^3/s$。

过栅流速：$0.85m/s$。

栅条间隙：$5mm$。

安装倾角：$75°$。

栅前水深：$1.4m$。

细格栅渠数量：3条（2条近期使用）。

格栅类型：回转式机械细格栅。

格栅渠道宽×深：$1.25m×2.05m$。

与格栅相连的电机功率：0.75kW。

细格栅筛出的杂质利用输送机将其汇集到室内渣斗中，输送机选型为无轴螺旋型。

输送机相关参数：宽 $B = 400mm$，长 $L = 6.5m$，功率 $P = 2.2kW$。

在细格栅的前、后布置 B（宽）$\times H$（高）$= 1.25m \times 1.6m$ 和 $1.25m \times 1.4m$ 的闸门，方便后期的检修和切换，细格栅后设配水堰，均匀配水至近期和远期曝气沉砂池。

细格栅的运行方式：以细格栅前后的水面高度差或时间为依据，利用 PLC 自动控制系统对清渣工序进行自动控制，如果遇到自动运行故障或者渣量增大等特殊情况时可以切换到手工清渣模式。

d. 曝气沉砂池。曝气沉砂池的主要作用是将粒径不低于 0.2mm 的砂粒和漂浮物剔除出去，从而将砂粒和有机物分离，避免影响到后续操作的进行。

曝气沉砂池的设计参数如下：

设计流量：$1.50m^3/s$。

水平流速：0.11m/s。

水力停留时间：2.48min。

曝气量：$0.2m^3$ 空气$/m^3$ 污水。

曝气沉砂池：分二格，尺寸为 27.46m（长）$\times 9.20m$（宽），深度为 4.3m。

除砂机：数量 2 台；处理能力 120L/s；功率 0.37kW。

曝气风机：类型为罗茨鼓风机；数量 3 台；额定风量 $700m^3/h$；风压 29.4kPa。

曝气沉砂池的运行方式：除砂机按照既定的程序运行，砂水分离器和其同时运行，鼓风机全天候不停歇运行。

e. 一体化生化池。一体化生化池的功能：生化区去除和降解污水中各种主要污染物质，沉淀区进行泥水分离。

一体化生化池的设计参数如下：

污水处理厂一体化生化池 1 座，由厌氧区、缺氧区、好氧区、沉淀区四大区域构成。

流量：$Q = 1.16m^3/s$（10 万立方米每天规模）。

厌氧区：分 2 格；设计水力停留时间 1.225h；有效容积 $5103m^3$；总容积 $5670m^3$；混合液浓度 4000mg/L；污泥回流比 100%。

缺氧区（反硝化区）：分 2 格；设计反硝化速率 $0.07kg\ NO_3^--N/(kgVSS \cdot d)$；有效容积 $7938m^3$；总容积 $8820m^3$；水力停留时间 1.91h；内回流比 200%。

好氧区（硝化区）：分 2 格；设计混合液浓度 4000mg/L；泥龄 16d；污泥负荷 $0.10kg\ BOD/(kg\ MLSS \cdot d)$；有效容积 $36288m^3$；总容积 $40320m^3$；水力停留时间 8.71h；供气量 $25000m^3/h$。

沉淀区：矩形周进周出沉淀池，分 5 格；设计表面负荷 $0.947m^3/(m^2 \cdot h)$；有效容积 $17621m^3$；水力停留时间 4.23h；溢流堰负荷：$2.91L/(s \cdot m)$。

建筑尺寸（含地上部分池体高度）：L（长）$\times B$（宽）$\times H$（高）$= 144.25m \times 90.4m \times 12.3m$，其中反应区深 7.0m，沉淀区深 5.0m，上部建筑高 5.3m。

充氧采用棕刚玉曝气器，水下安装深度 6.15m，共计 12186 个。厌氧区、缺氧区一共布置 10 台水下搅拌器，保持全天候运行，三台搅拌器轴功率 4.3kW，叶片直径 2500mm，额定转速 $n = 40r/min$，轴力 $F = 3108N$。

内回流通过 4 台水平螺旋桨泵完成，该设备的参数为：流量 $Q = 650L/s$，扬程 $H =$

1.0m，功率 $P=10$kW。另外还需一台在故障情况下使用。

外回流通过 2 台潜水轴流泵完成，保持全天候运行，该设备的参数为：流量 $Q=650$L/s，扬程 $H=2.0$m，功率 $P=27$kW。另外还需一台在故障情况下使用。

剩余污泥通过 2 台潜污泵处理，该设备的参数为：流量 $Q=40$L/s，扬程 $H=4.7$m，功率 $P=4.7$kW。另有 1 台泵留仓库备用。

沉淀区采用非金属链式刮泥刮渣机 5 台，保持全天候运行，该设备的参数为：刮泥速度 0.6m/min，L（长）$\times B$（宽）$\times H$（高）$=83$m$\times 8$m$\times 4.3$m，驱动功率 1.0kW。刮泥机需要单独配置一套电动旋转撇渣器，其直径为 400mm。该区域需要布置 50 套穿孔排泥管和套筒式排泥阀，管道直径为 250mm。

f. D 型滤池。D 型滤池的功能是过滤生化处理后的城市污水，进一步去除水中 SS 及 BOD、COD、P 等污染物，同时减少细菌数量，通过反冲洗保证滤池可持续工作和保证过滤效果。

D 型滤池的设计参数如下：

设计流量：1.50m³/s。

最大流量时正常滤速：24.2m/h。

最大流量时反冲时滤速：27.7m/h。

D 型滤池数量：1 座（钢筋混凝土结构）；尺寸 L（长）$\times B$（宽）$\times H$（深）$=30.18$m$\times 22.62$m$\times 10.26$m；滤布类型为 DA863 纤维滤布；滤料松散填装高度 800mm；滤池格数 8 格；每格过滤面积 28m²；设计滤速 24.2m³/(m²·h)。

滤池反冲洗房：数量 1 栋（砖混结构）；尺寸 L（长）$\times B$（宽）$\times H$（高）$=26.1$m$\times 10$m$\times 10.57$m（含机器间和配电间）。

滤池供气通过 3 台罗茨鼓风机实现，其中有一台在故障情况下使用，风机风量 20m³/min，风压 0.05MPa，轴功率 24.91kW。

滤池中布置 3 台反冲洗水泵（一台在故障情况下使用），风机流量 350m³/h，扬程 11.5m，驱动电机功率 18.5kW。

D 型滤池的运行方式：滤池、鼓风机和反冲洗水泵根据滤池反冲洗信号（水位、时间）来控制泵的开停。

g. 紫外消毒渠。紫外消毒渠的功能是经 D 型滤池过滤后的污水，通过紫外消毒后，排放至受纳水体——沙河，紫外消毒渠的作用机理是利用紫外线将污水里面的细菌、病毒等微生物的 DNA 结构破坏，通过这种方式杀灭这些微生物，提高水质。

紫外消毒渠的设计参数如下：

消毒渠道：数量 2 道（钢筋混凝土结构）；平面尺寸 L（长）$\times B$（宽）$=9$m$\times 5.5$m；渠深 1.55m；有效水深 0.712m。

渠内布置紫外线消毒设备：数量 1 套（分 2 组）；功率 72kW。

消毒渠处设厂内回用水自吸式气压供水机组：数量 1 套（2 台水泵）；流量 $Q=48$m³/h，扬程 $H=32$m；轴功率 2×7.5kW。

消毒渠后电磁流量计：数量 1 台；计量范围 0~2m³/s。

紫外消毒渠的运行方式：紫外线消毒设备 24h 连续工作。

h. 沉泥池。沉泥池的功能是收集滤池反冲洗水进行沉淀，固液分离，污泥泵入浓缩脱水机房储泥池，上清液泵入滤池进水端处理。

沉泥池的设计参数如下：

沉泥池：数量1座（钢筋混凝土结构）；尺寸 L（长）$\times B$（宽）$\times H$（深）$=23m\times11.3m\times6.8m$；分为沉淀格和储泥格，沉淀格上的吸泥机将池底污泥吸入储泥格，由安装在储泥格内的潜污泵将污泥泵入脱水机房储泥池进行浓缩脱水。

吸泥机：数量1台；轨距11.6m；行走速度2m/min；吸泥量 $200m^3/h$；功率15kW。

污泥提升潜污泵：数量2台；流量 $70m^3/h$；扬程10m；功率3.1kW。

上清液提升潜污泵：数量3台；流量 $90m^3/h$；扬程10m；功率4.7kW。另有1台留仓库备用。

沉泥池的运行方式：滤池反冲洗水排入沉泥池后，开始静置沉淀，泥水分离完成后先开动吸泥机，吸泥完毕后开动3台上清液提升泵，将上清液提升至滤池进水端。污泥提升潜污泵根据沉泥池储泥格的泥位和脱水车间储泥池工况开停。

i. 鼓风机房。鼓风机房的功能是为一体化生化池提供空气。

鼓风机房的设计参数如下：

土建：规模15万立方米每天；数量1座（设备分期安装）。

设计供气量 $416m^3/min$，供气压力0.75bar（ $1bar=10^5Pa$ ）。近期供气采用单级高速离心风机：数量3台（其中有一台在故障情况下启动）；单台风机风量 $208m^3/min$；风压0.75bar；电机功率18.5kW。

鼓风机房的运行方式：以生化池溶解氧含量的数据为依据，对机组的运行和风量进行控制，调节范围50%～100%。

j. 污泥脱水间、加药间及储泥池。污泥脱水间的主要作用是利用离心方法，把处理工序中形成的污泥浓缩、脱水，将其含水率控制到一定范围内。通过加药间投加絮凝剂，确保滤池出水SS、P等污染物指标达标。

污泥脱水间、加药间及储泥池的设计参数如下：

污泥脱水间、加药间、储泥池合建1栋，建筑尺寸 L（长）$\times B$（宽）$=36.5m\times18m$，高7m。

设计剩余污泥干重：14t/d。需浓缩污泥量 $3500m^3/d$，含水率99.6%；浓缩脱水后污泥量 $70m^3/d$，含水率<80%。絮凝剂（PAC）投加量：1～3kg/TDS（浓缩机），3～5kg/TDS（脱水机）。

布置2台转筛浓缩机，单台处理能力 $75m^3/h$，电机功率1.5kW。

布置2台离心脱水机，单台处理能力 $15m^3/h$，电机功率30kW。配套设备为2台浓缩污泥进料泵：流量15～ $75m^3/h$；扬程20m（0.2MPa）；电机功率11kW。

脱水污泥进料泵：数量2台；流量3～ $15m^3/h$；扬程20m（0.2MPa）；电机功率3kW。

脱水切割机：数量2台；流量 $100m^3/h$；电机功率5.5kW。

絮凝剂投放系统：数量1套；投药能力9.5kg/h。

絮凝剂计量泵：数量4台；两台流量200～1000L/h，另两台流量150～720L/h；扬程20m（0.2MPa）；电机功率0.55kW。

泥饼泵：数量2台；输送能力1～ $2.5m^3/h$；扬程10m；电机功率7.5kW。

加药间：设计处理流量10万立方米每天；投加量15mg/L（液体商品，Al_2O_3 含量10%）；药剂用量1500kg/d；加药间尺寸 L（长）$\times B$（宽）$=8m\times6m$。

PAC储药装置：数量2套；总容积 $15m^3$。

药液提升泵：数量 2 台（其中 1 台仓库备用）；流量 1250L/h；扬程 20m（0.2MPa），电机功率 3.0kW。

投药计量泵：数量 3 台（其中 1 台在故障情况下使用）；流量 500L/h；扬程 30m（0.3MPa）；电机功率 1.5kW。

投药计量泵根据流量信号调节投加量，24 小时连续运行。

储泥池：数量 1 座；平面尺寸 L（长）×B（宽）＝3m×3m，高度 4.0m；调节容积 27.9m³。池内布置一台功率为 2.2kW 的自吸式曝气机。

污泥脱水间、加药间及储泥池的运行方式：浓缩机、脱水机 24 小时连续运行。储泥池内设液位计，满泥位时控制剩余污泥泵停泵，以免污泥外溢。

k. 除臭生物滤池系统。除臭生物滤池系统的功能是对污水处理厂生产过程中产生的臭气进行脱臭处理。

除臭生物滤池系统的设计参数如下：

脱臭处理规模：流量 70000m³/h；集中脱臭玻璃钢生物滤池装置一套；单台处理能力 70000m³/h；尺寸长×宽×高＝24m×18m×1.8m；过滤面积 414m²；风压损失 500Pa。

配套装置离心风机：数量 1 台；风量 70000m³/h；全压 1500Pa；功率 55kW。

循环水泵：数量 2 台；单台流量 15m³/h；扬程 30m（0.3MPa）；电机功率 2.2kW。

除臭生物滤池系统的运行方式：除臭装置 24 小时连续运行。

② 改造前实测进、出水水质　2011 年 11 月～2012 年 6 月实际进、出水水质的平均值见表 5-2，7 月到 10 月由于雨水进入收集管网，水质、水量波动大，因此未纳入考虑。

表 5-2　2011 年 11 月～2012 年 6 月实际进、出水水质的平均值

时间	COD/(mg/L)			BOD/(mg/L)			SS/(mg/L)			TP/(mg/L)			TN/(mg/L)		
	进水	出水	去除率/%	进水	出水	去除率/%	进水	出水	去除率/%	进水	出水	去除率/%	进水	出水	去除率/%
2011 年 11 月	201.2	14.6	93	87.9	4.8	95	113.0	5.7	95	7.6	0.4	94	38.0	13.8	64
2011 年 12 月	215.2	13.0	94	84.9	3.8	96	140.8	5.8	96	7.6	0.4	95	41.1	12.2	70
2012 年 1 月	214.2	12.5	94	102.5	4.4	96	133.0	5.9	96	5.4	0.4	93	39.7	14.6	63
2012 年 2 月	258.6	17.8	93	124.2	4.3	96	122.7	5.4	96	5.5	0.2	96	40.2	13.3	67
2012 年 3 月	327.5	15.2	95	151.2	4.9	95	107.6	5.1	95	5.1	0.4	92	42.7	14.2	67
2012 年 4 月	282.6	13.8	95	141.4	4.5	96	126.5	5.1	96	4.3	0.1	97	42.9	13.6	68
2012 年 5 月	273.2	12.1	96	111.4	3.2	97	136.4	5.1	96	4.0	0.2	95	39.9	13.5	66
2012 年 6 月	230.8	17.6	92	113.3	4.7	96	125.0	5.9	95	3.7	0.2	96	38.2	14.1	63
平均	250.4	14.6	94	114.6	4.3	96	125.6	5.5	96	5.4	0.3	95	40.3	13.7	66

（2）改造后处理工艺与处理效果

该污水处理厂在一期的基础上进行扩能提标改造，改造后总处理规模为 15 万立方米每

天，于 2016 年 6 月 30 日通水。污水厂总变化系数 $K_z = 1.3$，由中国市政工程西南设计研究院设计，改造后的处理工艺流程见图 5-3。

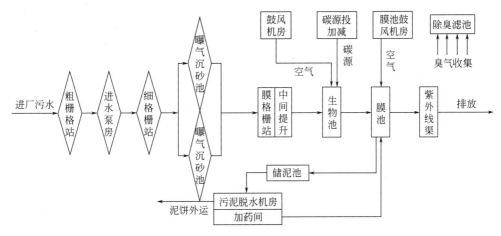

图 5-3　改造后污水处理厂工艺流程

城市污水处理厂改造前用的是二级生化处理法，即"曝气沉砂池＋一体化生化池＋D 型滤池＋紫外消毒"法。二期工程不停产、不增加用地进行提标改造，采取 MP-MBR 工艺，新增膜格栅，改造前后处理流程对比见图 5-4。

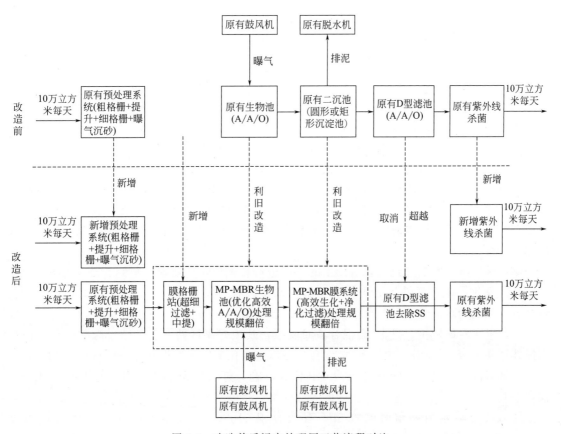

图 5-4　改造前后污水处理厂工艺流程对比

该城市污水处理厂改造后的设备见表 5-3。

表 5-3　改造后污水处理厂主要设备

序号	设备	规格型号	备注
1	粗格栅机	栅隙 $b=25\text{mm}$	最大流量 $Q_{max}=1.5\text{m}^3/\text{s}$
2	离心潜水泵	功率 $P=75\text{kW}$	4 用 1 备
3	回转式细格栅机	栅隙 $b=5\text{mm}$	最大流量 $Q_{max}=1.5\text{m}^3/\text{s}$
4	除砂机	功率 $P=2.79\text{kW}$	
5	罗茨鼓风机	功率 $P=24.91\text{kW}$	3 用 1 备
6	板式格栅	栅隙 $b=1\text{mm}$	
7	膜组件	产水量 $Q=24.8\text{m}^3/\text{h}$	252 套
8	反洗泵	功率 $P=7.5\text{kW}$	5 用 5 备
9	膜池吹扫鼓风机	流量 $Q=200\text{m}^3/\text{min}$,功率 $P=225\text{kW}$	5 用 1 备
10	碳源投加系统	流量 $Q=1200\text{L/h}$	乙酸钠,5 用 1 备
11	污泥切割机	流量 $Q=100\text{m}^3/\text{h}$,功率 $P=5.5\text{kW}$	
12	污泥浓缩机	流量 $Q=75\text{m}^3/\text{h}$,功率 $P=1.5\text{kW}$	

① 改造后处理构筑物与设计参数

a. 粗格栅。粗格栅池相关参数为：最大流量 $1.5\text{m}^3/\text{s}$；过栅流速 0.65m/s；栅条间隙 25mm；安装倾角 $80°$。设粗格栅渠 2 道，选择移动式自动清渣机，功率 $P=1.1\text{kW}$，配格栅 2 道，每道进水渠宽 1.4m，格栅垂直高度 9.95m，水深 1.2m。在所有的粗格栅前布置 B（宽）$\times H$（高）$=1.0\text{m}\times1.0\text{m}$ 的铸铁手动闸门，方便后期的检修和切换。

b. 污水提升泵房。污水经提升泵提升后进入细格栅池，安装有 5 台潜水泵（其中有一台为备用），泵参数为：流量 $Q=1400\text{m}^3/\text{h}$，扬程 $H=15\text{m}$，水泵轴功率 $N=75\text{kW}$。

c. 细格栅。细格栅设计流量 $1.5\text{m}^3/\text{s}$，过栅流速 0.85m/s，栅条间隙 5mm，安装倾角 $75°$，栅前水深 1.4m。污水处理厂共布置 3 条格栅渠，2 条近期使用，使用回转式机械细格栅，渠道宽$\times$深为 $1.25\text{m}\times2.05\text{m}$，格栅相连的电机功率为 0.75kW。

d. 曝气沉砂池。曝气沉砂池主要去除污水中粒径$\geqslant0.2\text{mm}$ 的砂粒，设计流量 $1.50\text{m}^3/\text{s}$，水平流速 0.11m/s，水力停留时间 2.48min，曝气量 0.2m^3 空气$/\text{m}^3$ 污水。曝气沉砂池分二格，尺寸 $27.46\text{m}\times9.20\text{m}$，深度达到 4.3m。池中布置两台除砂机，处理能力 20L/s，功率 2.79kW。选择罗茨鼓风机 3 台为沉砂池供气，另设一台备用，额定风量 $700\text{m}^3/\text{h}$，风压 29.4kPa。

该厂曝气沉砂间加盖封闭，对产生的臭气进行收集和除臭处理，避免了二次污染。

e. 生化池。利用活性污泥去除和降解污水中各种主要污染物质，如 COD、BOD、氮、磷等。生化池为推流池型，共分为三个功能区：厌氧区、缺氧区、好氧区。设鼓风曝气系统一套，配置 4 台鼓风机；设 10 台混合液回流泵，其中好氧区共 6 台，缺氧区共 4 台；设潜水搅拌器共 18 台；设潜水推流器共 10 台；在每座生化池厌氧区设氧化还原电位（ORP）仪一套，缺氧区设溶解氧（DO）仪和 ORP 仪各一套，好氧区设 DO 仪和污泥浓度（MLSS）仪各一套。

厌氧区实际水力停留时间 0.5h，有效容积 5103m^3，总容积 5670m^3，混合液浓度 4000mg/L，污泥回流比 100%。缺氧区实际水力停留时间 4.5h，内回流比 200%。好氧区

实际水力停留时间 7.8h，有效容积 36288m³，总容积 40320m³，供气量 7000m³/h。生化池污泥浓度 8000mg/L。

f. 膜池。MBR 是一种由膜分离技术与生物处理技术有机结合的新型废水处理系统，利用沉浸于好氧生物池内的膜分离设备截留槽内的活性污泥与大分子固体物，极大地提高污水深度处理后的水质。与传统工艺相比，MBR 可以使活性污泥具有较高的污泥浓度，MLSS 可达 10g/L 以上。膜组件是 MBR 处理工艺的核心部件，采用过滤精度为 0.1μm 的浸没式聚偏氟乙烯中空纤维超滤膜，安装于膜池之中。膜组件浸没在膜池的混合液中，在产水泵产生的负压条件下，生化处理过的清水透过膜汇集到产水管，全部污泥和绝大部分有益细菌被膜截留，实现泥水分离。被截留的活性污泥经过混合液回流泵，回流到厌氧和缺氧生化段，剩余污泥由剩余污泥泵输送至污泥脱水系统。

膜池分为两组，东、西两侧为膜区，中间为膜池好氧区。整个膜系统共有 20 个膜处理单元，采用并联运行的方式，每个膜处理单元内设 10 个双层膜组件，共计 200 个膜组件。每个膜组件设 108 片膜，见图 5-5，每片膜面积为 20m²，每个膜组件面积为 2160m²。

图 5-5 膜组件局部与整体

每个膜处理单元运行周期为开 9 停 1（9min 产水、1min 气洗），每个膜处理单元设计处理水量 350m³/h，实际产水量根据进水水量设定。运行人员定期观察膜池透水率变化，根据透水率变化情况设定膜池在线反洗周期，通常情况下，在线反洗周期设定为 24～72h，每半年至少进行一次离线清洗，见图 5-6。膜区曝气量控制在 450～900m³/min。膜池污泥浓

图 5-6 工作人员现场维护设备

度一般控制在8000mg/L，膜池污泥回流泵（膜区回流至好氧区）连续运行，回流比最高控制在400%，膜池剩余污泥通过剩余污泥泵输送至污泥脱水系统。运行人员每两小时观察膜池MLSS、DO、SS、膜池产水量、运行液位、产水压力、透水率、膜池鼓风机运行情况并记录。

g. 紫外消毒渠。紫外消毒渠利用紫外线对出水进行消毒，杀灭水中的大肠杆菌等有害细菌。通过紫外消毒后，最后出水排放至沙河，平面尺寸 L（长）×B（宽）=9m×5.5m，渠深1.55m，有效水深0.712m。渠内布置紫外线消毒设备1套，分2组，功率72kW。消毒渠处设厂内回用水自吸式气压供水机组1套（2台水泵），流量 Q=48m³/h，扬程 H=32m，功率 P=2×7.5kW。消毒渠后设电磁流量计1台，计量范围0～2m³/s。

h. 污泥脱水间、加药间及储泥池。污泥脱水间、加药间、储泥池合建1栋，建筑尺寸 L（长）×B（宽）=36.5m×18m，高7m。污泥干重7t/d，污泥经脱水后含水率降至78%，污泥产量66t/d。

上述各构筑物的尺寸见表5-4。

表5-4 主要构筑物尺寸

序号	构筑物		尺寸/m			数量	备注
	单元	名称	L（长）	B（宽）	H（高或深）		
1	预处理单元	现状粗格栅提升泵房、细格栅、曝气沉砂池车间	58.96	17.6	10.3	1	泵房与沉淀池1座2格
2		新建曝气沉砂池、膜格栅站、中间提升泵车间	33.0	21.5	8.0	1	沉砂池1座1格
3	生物处理单元	生物池	89.75	90.4	7.0	1	含加盖高度8.5m
4		膜池	54.3	83.0	4.5	1	沉淀池改造、合建
5		新建膜池配套设备间					
6	辅助生产单元	新建膜池鼓风机房	30	9.0	8.0	1	
7		紫外消毒渠	15	5	4.5	1	利用现状改造
8		鼓风机房	40.6	11.7	8	1	预留位置添加设备
9		新建加药间	23	11.3	12.8	1	利用沉泥池改造、合建
10		碳源投加间					
11		除臭装置	24	18	6	1	原地重建
12	污泥处理单元	污泥浓缩脱水机房	36.5	18	7	1	

② 改造后实测进出水水质　污水处理厂的设计进水水质浓度、实际进水水质浓度、改造前后出水水质标准对比与实际出水水质浓度见表5-5。

表5-5 改造前后污水厂进出水水质浓度对比及出水水质标准对比　　　　单位：mg/L

项目	COD_{Cr}	BOD_5	SS	TN	NH_3-N	TP
《城镇污水处理厂污染物排放标准》(GB 18918—2002)一级　A	≤50	≤10	≤10	≤15	≤5	≤0.5

续表

项目	COD$_{Cr}$	BOD$_5$	SS	TN	NH$_3$-N	TP
《地表水环境质量标准》(GB 3838—2002)Ⅳ类	≤30	≤6	≤10	≤15	≤1.5	≤0.3
设计进水水质浓度	400	200	240	40	30	4
实际进水水质浓度	280	—	120	45	24	3.6
改造前出水水质浓度	11.8	3.5	4.8	3.52	1.73	0.5
改造后出水水质浓度	≤15	≤2	<1	≤12	≤0.5	≤0.2

在《城镇污水处理厂污染物排放标准》(GB 18918—2002) 一级 A 的基础上，污水处理厂改造后将主要指标提升至《地表水环境质量标准》(GB 3838—2002) Ⅳ类，运行效果较好。

③ 改造项目实施优势

a. 在不新征用地、不停产的情况下，实现了水量增加、水质提标。改造项目选用 MP-MBR 工艺，污水处理量从改造前的 10 万吨/天提升到 15 万吨/天，出水水质主要指标由 GB 18918—2002 一级 A 标准提升至《地表水环境质量标准》Ⅳ类标准。

b. 原主体设备部分利旧改造，降低了整体设备投资费用。在改造过程中，对污水处理厂原主体设备部分进行利旧改造。

c. 所采用的 MP-MBR 工艺技术先进，与原处理工艺高度结合，性能可靠。改造选用的 MP-MBR 技术不同于国内外其他膜生物反应器技术以膜分离技术为主的思路，或是膜技术与某一单一生物处理（如好氧工艺）相结合的思路，而是强调了膜分离技术与整个传统生物处理工艺（厌氧、缺氧和好氧）的结合，注重通过膜分离过程，发挥传统生物技术的优势，实现生物富集和共代谢，进而大幅度提高污水生化处理效能。

d. 出水排放标准高，走在行业前端。全国将近 50% 的污水处理厂执行一级 B 标准，25% 的污水处理厂执行一级 A 标准，还有将近 25% 的污水处理厂执行的是二级标准，另外仅有较少污水处理厂达到地表水Ⅳ类环境标准，该出水标准走在行业前端。

e. 中水回用，有效解决该市生态环境用水短缺的问题。提标改造完成后，每日可向城市河湖环境、绿化等领域提供 15 万立方米的达到地表水Ⅳ类水质标准的高品质再生水，还可用作工业及生活杂用水，可极大提高水资源利用水平，有效解决该市生态环境用水短缺的问题。

5.2.2 污水处理厂的臭气控制

(1) 臭气的基本概念

臭气是指一切刺激嗅觉器官并让人们不愉快及损坏生活环境的气体物质，是生活污水处理厂常见的污染物。污水中的臭味物质和促进物质转移的条件的存在，是臭气形成的两个不可缺少的重要原因。生活污水处理厂的臭气可分为两类：一类是直接从污水中挥发出来的，如直接或间接地排入下水道的工业废水和其他废水中含有的溶剂、石油衍生物及其他可挥发的有机成分直接造成了臭气；另一类是由于微生物的生物化学反应而新形成的，尤其是与厌氧菌活动有很大的关系。常见恶臭化合物的特征如表 5-6 所示。

表 5-6　常见恶臭化合物的特征

恶臭化合物	化学式	分子量	臭阈值/10^{-6}	臭气特性
氨	NH_3	17.0	46.8	辛辣、刺激
氯	Cl_2	71.0	0.314	辛辣、窒息
氯酚	ClC_6H_4OH	128.56	0.00018	药味
丁烯基硫醇	$CH_3—CH=CH—CH_2—SH$	91.19	0.000029	臭鼬气味
甲硫醚	$CH_3—S—CH_3$	62	0.0001	烂菜气味
苯硫醚	$(C_6H_5)_2S$	186	0.0047	令人不快
乙硫醇	$CH_3CH_2—SH$	62	0.00019	烂菜气味
二乙硫(乙硫醚)	$(C_2H_5)_2S$	90.21	0.000025	令人作呕气味
硫化氢	H_2S	34	0.00047	臭蛋气味
吲哚	C_8H_6NH	117	0.0001	臭粪味、致呕
甲胺	CH_3NH_2	31	21.0	腐烂味、鱼腥味
甲硫醇	CH_3SH	48	0.0021	烂菜气味
粪臭素	C_9H_9N	131	0.019	臭粪味、致呕
二氧化硫	SO_2	64.07	0.009	辛辣、刺激
甲苯硫酚	$CH_3—C_6H_4—SH$	124	0.000062	臭鼬气味、腐臭味

臭气按照其性质的不同主要分为以下几类，如表 5-7 所示。

表 5-7　臭气的分类及主要成分

主要类别	主要成分
含硫化合物	硫化氢、二氧化硫、硫醇、硫醚等
含氮化合物	胺、酰胺、吲哚等
卤素及其衍生物	氯气、卤代烃等
烃类	烷烃、烯烃、炔烃、芳香烃等
含氧有机物	醇、酚、醛、酮、有机酸等

臭气污染物的特点主要体现在：

① 测定困难　臭气污染以心理影响为主要特征，而这种心理影响是通过嗅觉引起的。由于人的嗅觉非常灵敏，能感知极低的恶臭污染物浓度，恶臭物质的臭阈值极低，这就使得测定非常困难。因此目前还未找到一个可以全面评述恶臭的可检测性、强度、厌恶度及其性质的简单测定方法。

② 评价困难　恶臭的组成成分不是单一的，且污染源多为局部的无组织排放源，污染又多为短时间、突发性的，因而难以捕捉，加之恶臭扩散方式复杂，因此目前世界上还没有一种公认的恶臭评价方法。

③ 治理困难　恶臭物质臭阈值较低，因此，人们很难将某一浓度的恶臭气体处理到臭阈值以下。

（2）污水处理厂中臭气的来源

在整个污水处理系统中，臭气的来源主要包括以下几种。

① 废水收集单元　臭气从废水收集单元泄漏的可能性很高。在废水收集单元中，臭气化合物的主要来源有：

a. 含氮和硫的有机物在厌氧条件下的生物转化。

b. 可能含有臭气化合物的工业废水排入，或其中所含化合物与废水中的化合物反应，生成有臭味的化合物。臭气排入下水道气层中并积累，可能在排气阀、放空口、人孔（检查井）及户线排气管释放出来。详见表5-8。

表 5-8　废水收集单元臭气来源

地点	来源/成因	臭气强度
排气阀	废水排出的臭气积累	高
放空口	废水排出的臭气积累	高
人孔（检查井）	废水排出的臭气积累	高
工业废水排放	有臭气的化合物可能排入废水收集单元	有变化
原废水泵站	湿井/腐化原废水、固体及浮渣、沉积物	高

② 废水处理单元　在废水的物理处理工艺中，调节池、格栅及所产生的栅渣、沉砂池及所产生的沉砂、隔油池所产生的浮油、初次沉淀池中所产生的初沉污泥及浮渣等，均会或多或少产生臭味。二沉池中生物处理单元如果设计和运行合理，一般不会产生臭味。对于废水的自然生物处理工艺来讲，厌氧塘是产生臭味的主要来源。废水处理单元臭气来源见表5-9。

表 5-9　废水处理单元臭气来源

地点	来源/成因	臭气强度
集水井	在废水收集单元中,由水力渠道及转输点处的紊流造成臭气释放	高
筛网设施	筛除的易腐物质	高
预曝气池	在废水收集单元中产生的臭气化合物释放	高
沉砂池	随沉砂去除的有机物	高
流量均化池	池面/由浮渣和沉泥的积累造成腐化	高
化粪池污泥接收、操作设施	在化粪池污泥接收站易释放臭气化合物,特别是转输站	高
旁流回水	有生物固体加工设施的回流	高
初次沉淀池	出水坝、槽/紊流释放臭气化合物;浮渣或上浮,或在坝及挡板前积累/腐物;浮泥/腐化条件	高/中
固定膜法(生物滤池或生物转盘即RBCs)	生物膜/由缺氧造成腐化,高有机负荷,或生物滤池滤料堵塞;紊流导致臭物释放	中/高
曝气池	混合液/腐化回流污泥,有臭气的旁通水流,高有机负荷,搅拌不良,DO不足,固体沉积	低/中
二次沉淀池	漂浮固体/固体停留时间过长	低/中

③ 污泥处理单元　污泥处理通常产生的臭味较大，其中以不加盖的污泥储池和污泥

浓缩池所产生的臭味最为强烈。污泥的脱水处理是臭味的另一个来源，产生臭味的强度取决于待脱水污泥的类型与特性、脱水方式和污泥预处理中所投加的化学物质。在污泥厌氧或好氧消化等污泥的稳定处理工艺中，多数情况下不会产生令人厌恶的臭味。在污泥的石灰稳定与消毒工艺中，由于会释放出大量的氨气而产生强烈的臭味。污泥处理单元臭气来源见表5-10。

表5-10　污泥处理单元臭气来源

地点	来源/成因	臭气强度
浓缩池、沉泥池	漂浮固体坝、槽/由于储存时间长,浮渣和固体腐化,固体沉积,温度升高;紊流释放臭气	高/中
好氧消化池	反应池中搅拌不充分	低/中
厌氧消化池	硫化氢气体泄漏/异常条件,固体中硫酸盐含量高	中/高
储泥池	缺搅拌,形成浮渣层	中/高
用带式压滤机、板框压滤机或离心机机械脱水间	泥饼/腐化物;加药,氨气泄漏	中/高
污泥运出设施	将生物固体由储泥库转移到污泥设施时释放臭气	高
堆肥设施	固体堆肥/曝气不足,通风不足	高
碱性稳定设施	稳定固体/由于与石灰反应产生氨气	中
焚烧设施	空气排放/燃烧温度不够,不能破坏全部有机物	低
污泥干化床	干化固体/由于稳定程度不够,导致腐化物过多	中/高

（3）污水处理厂臭气处理工艺

在污水处理厂内，可以对产生强烈臭气的处理单元进行封闭处置，如对初次沉淀池、污泥储存池、污泥浓缩池等构筑物进行加盖，对污泥脱水间等建筑进行封闭，均可有效防止臭味扩散。在进行有关构筑物或建筑物的封闭后，可以将其内的臭气收集，并引入臭气处理系统，经过有效的处理后排入大气。成功用于臭气处理的工艺主要有湿式洗涤、活性炭吸附、臭氧接触氧化、燃烧、土壤/肥料过滤、生物洗涤和利用废水处理厂内生物处理设施与废水同时处理等。

① 湿式洗涤　臭气与吸收塔内的溶液接触，通过臭气凝结、臭气颗粒去除、臭气被吸收液吸收、臭气与具有氧化性的吸收液反应或臭气的乳化等一种或多种作用使致臭物质转移到吸收液中，从而使臭气得到去除。在工程实际中，湿式洗涤塔通常有立式逆向流和卧式交叉流等形式，可以设计成单级或多级串联的处理系统。立式逆向流湿式洗涤塔通常有填料塔和喷雾塔两种形式，如图5-7所示。

② 生物洗涤　生物洗涤技术将湿式洗涤的填料塔和土壤/堆肥过滤床技术结合在一起，其内是具有微生物活性和足够营养的洗涤液，采用与湿式洗涤类似的逆向流操作，其中的填料介质为生物膜的生长和臭味物质由气相向液相转移提供了场所。

按照臭气的类型和微生物的种属不同，致臭化合物的代谢途径随生物洗涤塔系统的不同而各异。生物洗涤塔一般以系统内主要微生物群落的类型为特征，可能是自养型或异养型的，前者可有效去除 H_2S/NH_3，后者可去除有机物。臭气的两段生物洗涤处理系统工艺流程如图5-8所示。

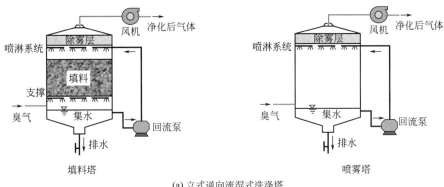

(a) 立式逆向流湿式洗涤塔

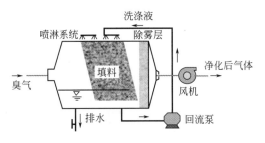

(b)卧式交叉流湿式洗涤塔

图 5-7　湿式洗涤塔的基本流程

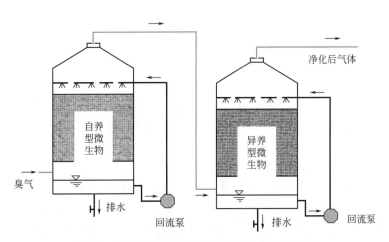

图 5-8　臭气的两段生物洗涤处理系统工艺流程

③ 活性炭吸附　活性炭是一种理想的高效吸附剂,广泛应用于水的深度处理和空气净化中。由于活性炭表面具有非极性特征,它将优先吸附废水中的有机或无机的致臭化合物。除了活性炭外,活性氧化铝和混合有氧化铁的木屑也可以用作臭味气体的吸附剂。臭气的活性炭吸附处理工艺流程如图 5-9 所示。

④ 臭氧接触氧化　臭氧是一种强氧化剂,可与废水中的硫化氢、氨或甲基硫醇反应。用于有效去除臭味物质的臭氧投加量为 3～4mg/L,但对于污泥储存池和污泥脱水间排出的臭气,臭氧的投加量可能会达到 10mg/L。臭气的臭氧接触氧化处理工艺流程如图 5-10所示。

⑤ 燃烧　燃烧广泛应用于消化气体的最终处理中,也是处理其他臭气的一种有效方式。

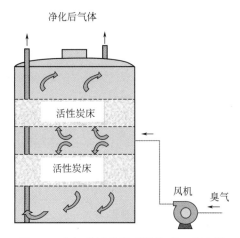

图 5-9　臭气的活性炭吸附处理工艺流程

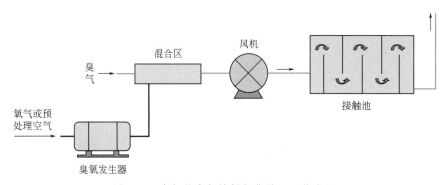

图 5-10　臭气的臭氧接触氧化处理工艺流程

在高温燃烧过程中,臭气中的烃类被氧化成二氧化碳和水,含氮和硫的化合物则被分别氧化成氮氧化物和硫氧化物。为了彻底去除臭味,应使致臭化合物得到充分的燃烧,否则有可能形成一些其他的中间化合物并具有臭味。根据是否采用催化剂,燃烧可以分为直接火焰燃烧和催化氧化燃烧两种方式。

⑥ 土壤/堆肥过滤　土壤/堆肥过滤床的组成:过滤床的过滤介质主要是砂质肥土、堆肥或者是土壤与泥煤苔的混合物。通常来讲,高度为1~3m的过滤床足以去除臭味,其性能主要取决于致臭化合物的类型和浓度,滤床介质的特性(诸如有机质含量、密度和孔隙率等),滤床内的水分含量、温度和接触时间等。

⑦ 利用废水处理厂内生物处理设施与废水同时处理　将臭气通入生物滤池的底部,原理与湿式洗涤系统臭气逆向流处理相似。采用该技术时,臭气与废水和滤料的接触时间是决定性因素,一般8~10s就能有效地控制臭味。

在将臭气通入活性污泥曝气池的工艺中,臭气一般进入鼓风机的进气端,生物除臭作用在曝气池的混合液中进行。该方法已经成功应用于臭气处理中,特别适合于臭气中含有硫化氢的情况,H_2S会在曝气池中快速地被生物氧化。

将臭气引入已有的生物处理单元进行处理,一般需要较少的设备,仅需利用一些管道系统将臭气引入系统即可。在将臭气引入生物滤池底部处理的情况下,一般可能会需要辅助设置风机。而对于将臭气引入活性污泥曝气池的情况,可利用已有的风机进行操作。

5.2.3　污水处理厂的污泥处理处置

（1）污泥的概述

① 污泥的类型　污泥是在污水处理过程中产生的半固态或固态物质。由于污泥特性不同，所以污泥的分类方法有很多。污泥根据来源、物化特性和处理阶段可分为以下几类。

a. 按来源分类：市政污泥、管网污泥、工业污泥、河海污泥。

b. 按物化特性分类：亲油性污泥、亲水性污泥、有机污泥等。

c. 按处理阶段分类：初沉污泥、二沉污泥、活性污泥、消化污泥、回流污泥和剩余污泥等。

② 不同类型污泥的特点　污泥在进行处理前，需要了解其特点，才能确定适宜的污泥处理方法。城市生活污泥含有大量有机物、氮、磷等营养物质，经过适当处理可以变废为宝。

a. 自来水厂沉淀池或浓缩池排出的物化污泥属于中细粒度有机与无机混合污泥，可压缩性能和脱水性能一般。

b. 生活污水厂二沉池排出的剩余活性污泥属于亲水性、微细粒度有机污泥，可压缩性能差，脱水性能差。

c. 工业废水处理产生的经浓缩池排出的物化和生化混合污泥属于中细粒度混合污泥，含纤维体的污泥脱水性能较好，其余污泥可压缩性能和脱水性能一般。

d. 工业废水处理产生的经浓缩池排出的物理法和化学法产生的物化细粒度污泥属于细粒度无机污泥，可压缩性能和脱水性能一般。

e. 工业废水处理产生的物化沉淀粗粒度污泥属于粗粒度疏水性无机污泥，可压缩性能和脱水性能很好。

（2）生活污泥的处理处置现状

一般情况下，污水处理厂处理1万吨生活污水可产生5～8t含水率80%的生活污泥，处理1万吨工业污水产生10～30t的工业污泥。分别按照7t和20t的单位产出进行估算，2020年，我国城镇生活污泥的产生量为4382万吨，工业污泥的产生量为4000万吨，共计8382万吨。目前，城镇污水处理厂污泥的处置主要包括卫生填埋、焚烧和资源化利用等方式。

美国生活污泥的主要处置方式是循环利用，而填埋的比例正逐渐下降，美国许多地区甚至已经禁止将污泥进行填埋。美国16000座污水处理厂每年共产生710万吨污泥（以干重计），其中约60%的污泥经厌氧消化或好氧发酵处理成生物固体肥料，用于农业生产。此外，填埋、焚烧和矿山恢复覆盖处置所占比例分别为17%、20%和3%。

欧盟统计数据表明，在政策导向和人们对污泥填埋及污泥农用的担忧下，欧盟各国的污泥处置方式有了很大的变化，从1997年到2003年，填埋所占比例由41%下降到7%，污泥农用所占比例由37%下降到25%，而焚烧所占比例则由11%上升到36%。近年来，随着污泥中有害物质不断减少，部分欧洲国家再次对污泥的土地利用处置给予重视，例如德国、英国和法国的污泥土地利用处置所占比例分别已达到40%、60%和60%。

与污泥产量连续增加的趋势相背，我国污泥无害化处理率依然较低。相关单位测算数据显示，2015年全国各地区湿污泥的平均无害化处理率为32%，大量污水厂采取直接倾倒或简单填埋的方式处理生活污泥。目前，我国生活污泥的处置主要有填埋、堆肥、自然干化和焚烧等方式，这四种处理方法的占比分别为65%、15%、6%和3%。我国生活污泥的处理方式仍以填埋为主，生活污泥的处置能力不足，处置手段较落后，大量污泥没能得到规范化处理，直接造成了"二次污染"，对生态环境产生严重威胁。

① 生活污泥的填埋处置　生活污泥的卫生填埋技术开始于 20 世纪 60 年代，主要分为单独填埋和混合填埋。单独填埋指污泥经过简单灭菌处理，在专门填埋场地进行填埋处置，在其上覆以惰性、黏性土壤，种植绿色植物进行生态修复。混合填埋指将污泥与生活垃圾充分混合、平展、压实，最后填埋处置。

由于存在造成土地资源紧张、渗滤液对土壤及地下水的潜在污染风险等问题，填埋技术的进一步发展受到限制。近年来，发达国家生活污泥的卫生填埋处置所占比例越来越低，法国自 2005 年起禁止污泥填埋，2009 年后，美国关闭了大多数的生活污泥处置填埋场。我国在 2009 年颁布的《城镇污泥处理厂污泥处理处置及污染防治技术政策（试行）》中明确规定，只有不具备土地利用和建筑材料综合利用条件的污泥才可以进行卫生填埋处置。

② 生活污泥的焚烧处置　生活污泥的焚烧技术是在有氧条件下对污泥进行高温热处理，常用于处置毒性强、危害大的有机污泥。污泥焚烧能够使污泥中的有机物全部炭化，杀死病原体，可实现减量化、稳定化和无害化。按照焚烧方式的不同，可以分为直接焚烧和干化焚烧两种。生活污泥的直接焚烧通常使用辅助燃料将送入焚烧炉内的湿污泥直接进行焚烧，由于污泥含水率高，热值低，焚烧过程需要消耗大量的能量，存在燃烧不充分的情况，需要复杂的尾气处理设备。干化焚烧是将污泥先进行预加热干化处理后再进行焚烧，污泥先干化可以大幅降低其含水率，降低焚烧过程的能量投入，从而实现节能目的。因此，目前污泥的焚烧处置一般采用干化焚烧的方式，并在我国很多地方得到应用，特别是电厂分布较多的沿海地区。

生活污泥焚烧技术也面临一些问题。首先，污泥含水率较高（多在 60% 以上），燃烧要求高，需要加入辅助燃料，使处理及维护费用增高。其次，污泥焚烧易产生酸性气体、二噁英等有毒有害气体，容易产生二次污染。

③ 生活污泥的资源化利用处置　生活污泥的资源化利用技术主要包括污泥的堆肥化处理技术、污泥的厌氧消化（制沼气）技术、污泥的建材化技术和其他新兴资源化处理技术。

生活污泥中含有丰富的有机质、氮、磷、钾等有价组分，同时具有强黏性与强吸水性。生活污泥进行土地利用能明显改善土壤的理化性质，有利于形成土壤团粒，提高团粒的水稳定性和保水能力，减少水土流失，显著提高土壤肥力与生物活性，实现农业生态环境的良性循环。因此，土地利用也是生活污泥处置的重要方式，生活污泥的土地利用主要包括园林绿化利用、林地利用、农用及未利用地改良等方式。生活污泥的园林利用路线如图 5-11 所示。

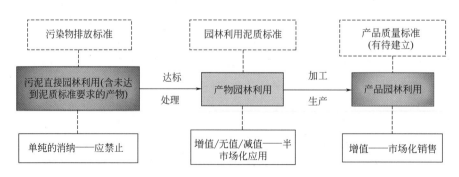

图 5-11　生活污泥的园林利用路线

生活污泥的土地利用也面临一些亟须解决的问题。生活污泥中的重金属组分（汞、锌、铬、铅、镍等）可能造成土壤的污染，并有可能通过食物链进入人体，威胁人体健康。此外，生活污泥中的病原体、寄生虫卵也可能会对环境和公共卫生造成影响。

a. 污泥的堆肥化处理技术。污泥的堆肥化技术是从 20 世纪 60 年代迅速发展起来的一项生物处理技术，被认为是最有发展潜力的一种污泥处置技术。污泥堆肥化的机理是污泥中不稳定的有机物质在微生物的发酵作用下，降解转化为腐殖质，在这一过程中病原菌与虫卵被杀死，同时在一定程度上消除恶臭。污泥堆肥化处理的工艺流程如图 5-12 所示，一般包括前处理、一次发酵、二次发酵和后处理等阶段。污泥堆肥化处理的优点是投资少、能耗低、运行费用低，堆肥产品便于储存、运输和使用。

图 5-12　污泥堆肥化处理的工艺流程

b. 污泥的厌氧消化（制沼气）技术。污泥的厌氧消化（制沼气）技术已有 100 多年的历史，在 20 世纪 80～90 年代开始逐步实现规模化和工业化应用。生活污泥中含有大量的有机物，经厌氧消化可分解生成稳定的物质，同时产生以甲烷为主要成分的沼气，污泥制沼气的热值通常在 20850～25020kJ/m³ 范围内，1m³ 沼气燃烧的发热量约等于 1kg 煤或 0.7kg 汽油的发热量。

厌氧消化技术是目前应用较为广泛的污泥稳定化和资源化技术，其稳定化效果好，能耗低，消化过程中产生的沼气可实现能源回收利用，不需要大量物料和土地资源的消耗。欧美国家 50% 以上的生活污泥均采用厌氧消化技术处理，产生的沼气转化为电能，可满足污水处理厂 33%～100% 的电力需求。

c. 污泥的建材化技术。

（a）污泥制生态水泥：我国建材行业是天然矿物和能源的高消耗行业，每年生产各种建筑材料需消耗 50 多种资源，给环境带来沉重负担。城市污泥含有 20%～30% 的无机物，尤其是混凝处理后的污泥中含有大量的铝、铁等成分，经焚烧后灰渣可替代部分水泥原料，添加一定量的石灰，经过高温焚烧后可制得质量符合国家标准的生态水泥。图 5-13 介绍了回转窑法污泥制水泥的工艺流程。污泥制生态水泥技术具有成熟简便、可操作性强和处置成本低等优势。

（b）污泥制轻质陶粒：轻质陶粒是一种人造轻质粗集料，因其质地轻、强度高、保温性好等特性备受关注，可用作路基、混凝土骨料或花卉覆盖材料，是一种具有发展潜力的新型建材。污泥制备轻质陶粒的原理是以污泥作为主要原料，以黏土和炉渣作为辅助原料，经过成球、烧结等工序形成具有一定硬度的污泥陶粒。常见的污泥制备轻质陶粒的技术方法为回转窑焚烧技术，其工艺流程如图 5-14 所示。陶粒实物及实际应用案例如图 5-15 所示。

（c）污泥制砖：污泥制砖是指将污泥经过一定处理筛选后，与其他原料或外加剂（如黏土、页岩、煤矸石、粉煤灰）混合，经过加压成型、焙烧等工序后制得污泥砖。

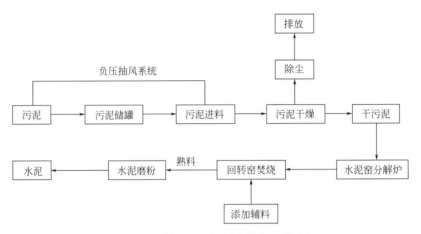

图 5-13 回转窑法污泥制水泥的工艺流程

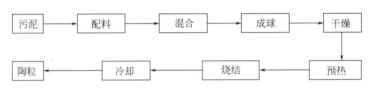

图 5-14 回转窑焚烧技术污泥制备轻质陶粒的工艺流程

图 5-15 陶粒实物及实际应用案例

目前，常见的污泥制砖技术为干化污泥直接制砖工艺，其工艺流程如图 5-16 所示。在坯料中可以封存污泥中的有毒重金属，杀死有害病菌，实现污泥的无害化处理。同时充分利用污泥中部分组分的燃烧特性，制成空隙多、质量轻的污泥砖。经过工艺优化，污泥制砖的主要指标可达到普通烧结砖的国家标准，具有高抗压强度、重量比同体积的普通砖轻等优点，制备过程可省 10% 的能耗，10%~15% 的黏土资源。干化污泥直接制砖的实物如图 5-17 所示。

d. 其他新兴资源化处理技术。

（a）污泥制备活性炭材料：活性炭是一种常见的高效吸附剂，但是制备商品活性炭的原材料昂贵，活性炭生产成本高。污泥中含有丰富的有机碳，以含碳较多的生活污泥为原料在一定高温下可以通过化学途径将其制成含碳吸附剂。有日本学者以脱水污泥滤饼为原料，经过高温炭化脱水、酸洗碱活化制成高性能的活性炭，与常规的活性炭相比，经过该方法制备

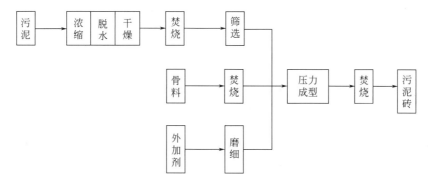

图 5-16 干化污泥直接制砖的工艺流程

图 5-17 干化污泥直接制砖的实物

的活性炭细孔更多、比表面积更大,故吸附性能更强。

根据加热方式的不同,污泥制备活性炭的方法主要分为两种:一种是裂解法,在较高温度(350~650℃)和隔绝空气条件下将污泥加热反应几小时到几天,得到的产物叫裂解生物质炭(pyro-biochar);另一种是水热法,以水为反应介质,将污泥置于密闭反应器内在低温(150~350℃)条件下反应一定时间,得到的产物叫水热生物质炭(hydrothermal biochar)。

水热处理过程在密闭环境中进行,不会产生二次污染;反应条件温和且时间短,降解产物少,反应便于控制;处理过程不受原料含水率影响,可以省去干燥物料所耗费的巨大费用。水热处理过程中的水介质环境有利于炭产物表面含氧官能团的形成,因此,生物质炭具有丰富的表面含氧官能团和良好的化学反应活性。

(b) 污泥低温热解制油:污泥低温热解制油研究开始于 20 世纪 80 年代,最早由 B. Bayer 提出,已成功应用于市政污泥的处置。该技术是把含水率约为 65% 的污泥在无氧条件下加热升温至 450℃ 左右,在催化剂作用下污泥中的脂肪烃化合物转化为油、炭、不凝性气体和反应水。污泥低温热解制油技术的工艺流程如图 5-18 所示,产物如气体和油具有很高的热值,可以作为潜在的能源燃料。

据估计,2020 年,我国城镇生活污泥的产生量为 4382 万吨,工业污泥的产生量为 4000 万吨,共计 8382 万吨。一般情况下,城镇生活污泥的处置费用为 400~600 元/t,按照 500 元/t 进行估算(表 5-11 和表 5-12),2020 年,我国城镇生活污泥的运营市场规模为 219 亿元。工业污泥的处置费用为 800~1000 元/t,按照 900 元/t 进行估算,2020 年,我国工业污泥的运营市场规模为 360 亿元,合计达到 579 亿元。2020 年,我国污泥处理工程市场规模约 593 亿元,运营市场规模约 579 亿元,合计约 1172 亿元。未来污泥处理行业的需求巨

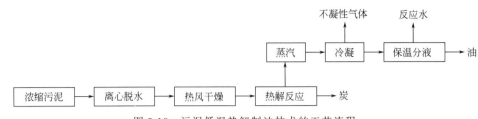

图 5-18　污泥低温热解制油技术的工艺流程

大，需要更多的技术作为支撑。

表 5-11　不同污泥处理技术成本对比

处理方式	新建投资成本/[万元/(t·d)]	运行成本/(元/t)
填埋	15～20	60
堆肥	25～40	150～180
自然干化	40～50	250～350
焚烧处理	40～60	300～600

表 5-12　污泥处理工程市场规模预测

处理方式	市场占比	年污泥处理量/万吨	新建投资成本/[万元/(t·d)]	新建投资规模/亿元
填埋	40%	3352	17	156
堆肥	25%	2096	33	190
自然干化	15%	1257	45	155
焚烧处理	8%	671	50	92

5.3　课堂分组讨论

① 分析污水处理厂臭气控制的必要性及处置工艺。

② 根据生产工艺与进、出水水质，分析总氮去除率较差的原因，探讨提高总氮去除率的方法，了解岷江、沱江污染物排放标准，阐述提标改造的原因。

③ 总结膜工艺的优、缺点，探讨将排水标准提高到地表水Ⅳ类的必要性。

5.4　现场实习要求

① 以图片和文字的形式进行记录。

② 记录污水处理系统的各个环节中，各阶段的产气类型与特征。记录污水处理厂臭气收集装置与处理工艺，记录及评价现场臭气产生与控制方式的效果及存在的主要问题。

③ 记录污水处理厂改造前后的工艺差别与改造方式。

④ 记录污水处理厂的处理量、进出水水质、处理工艺流程、各处理环节详细的设计和运行参数。

⑤ 记录污泥产量、特征与处理工艺流程、各处理环节详细的设计和运行参数。

⑥ 记录企业运行过程中二次污染的产污环节、产污类型、产污量及处理方式。

⑦ 记录企业的环境保护的运行管理资料，包括机构人员配置、岗位与职能、日常环保管理等方面。

5.5 扩展阅读与参考资料

① 《四川省岷江、沱江流域水污染排放标准》（DB 51/2311—2016）

② 《厌氧-缺氧-好氧活性污泥法污水处理工程技术规范》（HJ 576—2010）

③ 《室外排水设计规范（2016 年版）》（GB 50014—2006）

④ 《膜分离法污水处理工程技术规范》（HJ579—2010）

⑤ 《城镇污水处理厂污泥处理处置及污染防治技术政策（试行）》

⑥ 《城镇污水处理厂污染物排放标准》（GB 18918—2002）

⑦ 《"十三五"生态环境保护规划》

⑧ 《污水处理费征收使用管理办法》

⑨ 《城镇污水处理厂污泥处置园林绿化用泥质》（GB/T 23486—2009）

⑩ 《水污染防治行动计划》

⑪ 《土壤污染防治行动计划》

⑫ 《农用地土壤环境管理办法（试行）》

⑬ 《城镇污水处理厂臭气处理技术规程》（CJJ/T 243—2016）

实习6

固体废弃物卫生处置场实习

实习目的

本实习在某市城市固体废弃物卫生处置场进行，通过实习，达到以下目的：

① 了解渗滤液的水质特征，渗滤液处理厂的日常管理与二次污染防护。

② 了解生活垃圾卫生填埋场的日常管理与二次污染防护。

③ 了解渗滤液导排的重要性及处理难点。

④ 了解生活垃圾卫生填埋的工艺流程与操作运行规范。

⑤ 掌握渗滤液的主流处理工艺。

⑥ 掌握填埋气体的收集与处理方法及臭气的处理。

⑦ 掌握生活垃圾卫生填埋场地下水污染的调查与评价方法。

实习重点

在实习报告中需针对实际场地污染防治中存在的问题，提出二次污染治理和日常管理的改进措施。同时，基于生活垃圾填埋场地下水的采样调查，完成填埋场地下水污染调查与评价报告。

实习准备

实习前应该充分回顾所学的相关专业知识，并查阅以下资料：

① 填埋场选址原则。

② 填埋场产污环节。

③ 填埋场渗滤液水质特征、处理技术与工艺。

④ 填埋气体特性、填埋气体处理技术与工艺。

⑤ 填埋场地下水污染途径、地下水调查与评价技术规范。

6.1 固体废弃物卫生处置场简介

6.1.1 填埋场简介

某市固体废弃物卫生处置场（下文简称为填埋场）位于某市 B 区 C 镇，是该市目前唯一的一座大型生活垃圾卫生填埋场，主要负责处理中心城区、A 区、B 区、C 县和 D 县产生的生活垃圾，设计日处理量约 4000t。填埋场一期工程和二期工程分别于 1993 年和 2001 年建成。

一期工程占地 836 亩，库容 1135 万立方米，投资 1.45 亿元，1993 年 3 月动工兴建，同年 9 月竣工并投入使用，设计使用年限 13 年（按日处理 1800t 计算）。在一期工程建设中，场地只采取了垂直防渗措施，没有采取水平防渗措施。2008 年一期工程采用工程措施实施一期库区增容，增容 207 万立方米。一期填埋场已于 2009 年封场。2013 年再次对填埋一期填埋区实施过渡库容（在原有封场基础上继续填埋垃圾），增容 100 万米^3/天，并于 2014 年 12 月完成封场。

二期工程占地面积 723 亩，库容 2074 万立方米，投资 1.27 亿元，1999 年 4 月动工，2003 年 3 月完成所有土建和配套设施建设工作。2009 年实施二期库区防渗一期工程，对二期部分库区实施人工防渗工程，同年 7 月二期工程正式投入使用，设计使用年限 17 年（按日处理 2400t 计算）。

但由于生活垃圾处理量剧增，二期库区实际服务年限仅为 1～2 年左右。2012～2014 年实施某市废弃卫生处置场二期库区污泥处理恢复库容应急项目，恢复二期填埋场剩余库容。截至 2016 年末，该填埋场所剩库容约 300 万立方米，仅能满足约 1.5 年的垃圾填埋需求。

根据 2012 年的统计数据，该填埋场垃圾渗滤液日均产生量已达到 1920m^3，严重超过了配套渗滤液处理厂的设计处理量（500m^3/d），且渗滤液直接外排的情况偶有发生，尤其在丰水期更为严重。

上述情况均可能导致填埋场渗滤液中的污染物向外扩散，从而对填埋场及周边地区土壤和地表水产生污染，进而对该地区地下水造成污染。

6.1.2 地理位置

该填埋场位于成都平原东段，龙泉山的北段，是成都平原与川中丘陵的界山之一，与某市 A 区毗邻。项目所在地东距 B 乡 4.5km，西距 C 镇 3.5km，西南距 B 区 13km，交通便利。

6.1.3 地形地貌

龙泉山是成都平原东侧的天然屏障，山脉走向为北东，山高 560～1000m，属丘陵地貌，是成都平原和川中丘陵的分界线。区域内山势总体为东（南东）高、西（北西）低，最低海拔为 564m，最高海拔为 720m，高差约为 160m。

填埋场地形以山地、丘陵、平坝为主。整体山势为北东至南西走向，南端较高；东西方向地势较陡，形成沟谷和平坝。填埋场处在 B 乡和 D 乡北面的接壤地带，处于青岗山、四方山、双土地、杨家山、白衣庵及打锣嘴所组成的圈椅状低谷之内，为"U"形谷，北西最大坡度为 22°，北东最大坡度为 26°。场区东、北侧谷坡坡度约 15°~30°，西侧山体坡度约 40°，谷底坡度约 3°。

6.1.4 气象水文条件

填埋场地处川中地区成都平原东侧的龙泉山中段，属亚热带潮湿气候，具有夏季炎热且时间长、冬无严寒、少霜雪、雨量充沛、多云雾、日照短等特征。其主要气候参数见表 6-1。

表 6-1 实习区主要气候参数

多年平均气温	7 月平均气温	1 月平均气温	多年平均气压
16.3~17.4℃	25.8℃	5.5~5.6℃	955.5Pa
多年平均相对湿度	多年平均降雨量	全年主导风向	全年平均蒸发量
83%	1001.1mm	NNE	985.2mm

主导风向为 NNE 向，常年平均风速为 1.2m/s，年平均风压为 140Pa，最大风压约为 250Pa；最大风速为 14.8m/s(NE)，极大风速为 27.4m/s。

该地区属沱江水系，区内有两个小型支流水系，如图 6-2 所示。其基本水文特征见表 6-2。

表 6-2 实习区内基本水文特征

水系	实习区内			拟选场地内			备注
	主沟长度/km	常年有水支沟数	汇水面积/km²	汇水面积/km²	边界流量[①]/(L/s)		
龙凤河	2.1	5	2.6	2.4	7.6		2# 场址
卢家湾河	1.1	0	1.1	0.6	1.2		3# 场址

① 边界处沟谷流量为本次实测，方法为浮标法，测量时间 2007 年 10 月 22 日。

龙凤河水系，主干河流从场址的东南端流入（源头位于填埋场），在樱桃湾和姜家湾分别有两条支流汇入，最终在场地西北端流出实习区，沿低山丘陵穿越龙泉山，在其东侧汇入沱江。龙凤沟主要用于排洪，除排洪期外，常见细水流动，每年的枯水期有两个月断流。

卢家湾河水系，发源于该场地东南部，最终向北流出实习区，汇入沱江上游。该河流常年流水。

6.1.5 地层岩性

某市勘察测绘研究院在 1998 年提交《某市固体垃圾填埋场二期大坝坝址岩土工程勘察报告》，其中场区出露的地层由老到新叙述如下。

实习区位于龙泉山中段，出露地层主要为侏罗系上统蓬莱镇组（J_{3p}），且位于巨厚的侏罗系蓬莱镇组（J_{3p}）中上部。实习区的露头显示，区内岩性组合可大致分为三段，其特征如下：

上部：主要为紫红色泥岩、粉砂质泥岩夹紫红色（局部为灰绿色）薄层砂岩，其分布高程较高，多在650m高程以上。

中部：主要为紫红色厚层-块状砂岩（图6-1），向下黏土岩含量逐渐增多，由夹泥岩到砂岩、泥岩互层，然后到黏土岩（图6-2）。由于地层起伏，出露高程不一。

底部：主要为紫红色砂岩（图6-2），其分布高程较低，主要揭露于2号场地内砖厂第四系覆盖层以下。

图6-1　实习区内蓬莱镇组岩性组合特征
（上部块状砂岩）（一）

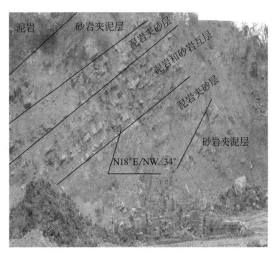

图6-2　实习区内蓬莱镇组岩性组合特征
（上部块状砂岩）（二）

6.1.6 地质构造

填埋场区域位于由龙泉山东坡断裂和龙泉山西坡断裂组成的NNE～NE向龙泉山断裂带内的龙泉山箱状复式背斜中段西翼。龙泉山断裂带总体走向N20°～30°E，北起中江，南经金堂、龙泉驿、久隆场、仁寿，直到乐山市新桥镇附近，全长230km，东西两条断裂带彼此相对倾斜，向背斜核部延伸，并消失于三叠系中。

龙泉山箱状复式背斜南起仁寿，北至中江，全长130km，宽15～20km，规模宏大。背斜轴部宽阔平缓，两翼陡然下降，由南西向北东逐渐倾伏。其核部最老地层为上沙溪庙组，两翼依次为遂宁组和蓬莱镇组（图6-3）。两翼还发育多个次级褶皱。其中罗家山向斜和金龙寺背斜是复式背斜西翼的两个主要褶皱构造，是距离实习区最近的主要构造形迹，控制了区内岩层的产状。

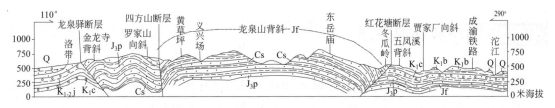

图6-3　龙泉山箱状复式背斜构造剖面图

6.2 固体废弃物卫生处置场处理工艺

6.2.1 卫生填埋处理工艺

卫生填埋的典型工艺流程如图 6-4 所示：垃圾运输进入填埋场，经地衡称重计量，再按规定的速度、线路运至填埋作业单元，在管理人员的指挥下，进行卸料、推平、压实并覆盖，最终完成填埋作业。其中推铺由推土机操作，压实由垃圾压实机完成。每天垃圾作业完成后，喷洒药剂，并及时进行每日覆盖；填埋场单元操作结束后，进行中间覆盖；填埋场填埋满后，进行终场覆盖，以利于填埋场地的生态恢复和终场利用。

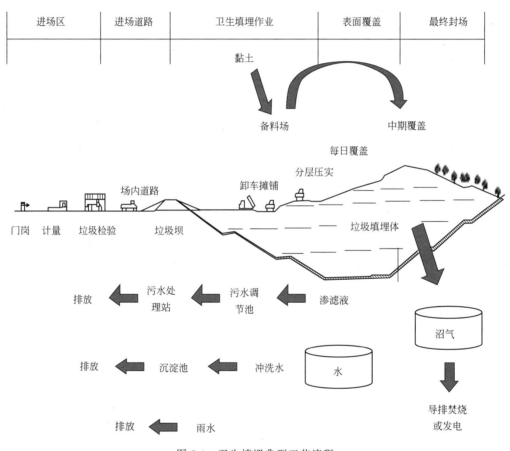

图 6-4　卫生填埋典型工艺流程

6.2.2 渗滤液处理工艺

（1）渗滤液水质

某市固体废弃物卫生处置场 2016 年至 2017 年渗滤液处理厂（一期）的进、出口逐月水质监测数据如表 6-3 所示，二期的进、出口逐月水质监测数据如表 6-4 所示。

表 6-3　2016～2017 年渗滤液处理厂（一期）的进、出口逐月水质监测数据

时间	pH值	Cl⁻/(mg/L)	BOD₅/(mg/L)	COD_Cr/(mg/L)	氨氮/(mg/L)	总氮/(mg/L)	SS/(mg/L)	总磷/(mg/L)	总汞/(mg/L)	总镉/(mg/L)	总铬/(mg/L)	总砷/(mg/L)	总铅/(mg/L)	Cr⁶⁺/(mg/L)	粪大肠菌群数/(个/L)
2016年2月25日	8.17	7370	408	3.47×10^3	1.66×10^3	—	1.28×10^3	19.9	2.07×10^4	未检出	0.167	1.72×10^{-3}	未检出	未检出	<20
2016年4月14日	7.91	—	1110	5800	1890	5730	10500	16.6	未检出	未检出	0.237	0.0675	0.019	未检出	80000
2016年6月3日	7.81	—	1720	4190	1500	1690	585	8.37	未检出	未检出	0.134	0.00655	0.00359	未检出	≥24000
2016年6月21日	7.82	7130	911	2960	1060	1280	280	5.71	0.0002	未检出	0.035	45.8	0.063	0.004	≥24000
2016年7月27日	7.72	6020	2930	4590	1260	1.38	670	8.93	0.000102	未检出	0.098	0.0644	0.0272	未检出	≥240000
2016年8月30日	7.67	8820	3820	7840	1710	1420	1330	15.7	0.00026	未检出	0.054	0.0794	0.0948	0.008	≥240000
2016年9月21日	7.84	7030	1850	4300	1000	1300	700	10.2	未检出	未检出	0.32	0.031	0.0455	0.005	≥2400000
2016年10月31日	7.99	10338	1510	3180	1860	4080	515	13.4	0.00053	0.0002	0.402	0.11	0.015	0.03	≥24000
2016年11月23日	8.19	10500	2010	10400	1280	1760	9840	45.8	0.00495	未检出	0.461	0.157	0.025	0.004	70
2016年12月6日	8.22	13100	383	4320	1670	2010	1730	19.7	0.000843	未检出	0.44	0.14	0.019	0.005	≥24000
2017年1月6日	8.12	8860	2070	7150	1660	1790	542	0.4	0.0093	0.000107	0.412	0.101	未检出	0.016	≥24000
2017年2月10日	8.15	9070	1260	6690	2080	2190	1040	14.8	0.000241	未检出	0.12	0.122	0.0398	0.012	240000
2016年1月21日	—	—	1.3	7.94	0.17	20.1	—	—	—	—	—	—	—	—	—
2016年2月25日	—	124	0.5	9.37	0.029	—	13	未检出	未检出	未检出	0.051	未检出	未检出	未检出	<20
2016年3月24日	6.19	—	1	未检出	0.423	19.6	10	未检出	未检出	—	未检出	未检出	—	—	<20
2016年4月14日	6.27	—	5.5	15.4	0.452	6.95	11	0.01	未检出	未检出	未检出	未检出	0.00313	未检出	<20
2016年6月3日	6.26	—	0.6	未检出	1.5	20	9	0.049	未检出	未检出	未检出	未检出	未检出	未检出	<20
2016年6月21日	6.66	176	0.6	未检出	0.702	23.9	9	0.01	未检出	未检出	未检出	未检出	0.00839	未检出	<20
2016年7月27日	6.36	61.3	1.8	未检出	1.83	2.66	8	0.018	未检出	未检出	未检出	未检出	未检出	未检出	<20

续表

时间	pH值	Cl⁻/(mg/L)	BOD₅/(mg/L)	CODcr/(mg/L)	氨氮/(mg/L)	总氮/(mg/L)	SS/(mg/L)	总磷/(mg/L)	总汞/(mg/L)	总镉/(mg/L)	总铬/(mg/L)	总砷/(mg/L)	总铅/(mg/L)	Cr^{6+}/(mg/L)	粪大肠菌群数/(个/L)
2016 年 8 月 30 日	6.38	58.6	未检出	4.26	0.177	3.59	8	0.013	未检出	未检出	未检出	未检出	未检出	未检出	<20
2016 年 9 月 21 日	5.82	135	1	16.8	0.638	16.2	7	未检出	未检出	未检出	未检出	未检出	未检出	未检出	未检出
2016 年 11 月 23 日	6.63	118	未检出	未检出	0.074	23.7	7	0.03	未检出	未检出	未检出	未检出	未检出	未检出	<20
2016 年 12 月 6 日	6.31~6.34	217	0.6	9.3	0.264	37.7	8	0.021	未检出	未检出	未检出	未检出	未检出	未检出	<20
2017 年 1 月 6 日	6.14~6.44	109	0.8	15.8	0.223	16.4	5	0.036	未检出	—	未检出	未检出	未检出	未检出	—
2017 年 2 月 10 日	7.18~7.28	2330	14.2	37.1	2.18	37.6	7	0.046	未检出	未检出	未检出	0.00134	0.012	未检出	9200
2017 年 3 月 3 日	7.3	260	3.5	17.1	13.5	18.5	<4	<0.01	0.0002	0.00007	0.00067	0.00854	<0.00009	未检出	未检出
GB16889—2008	—	800	30	100	25	40	30	3	0.001	0.01	0.1	0.1	0.1	<0.004	10000

注：氯化物排放参照执行《污水排入城镇下水道水质标准》（GB/T 31962—2015）B 级标准。

表 6-4　2016～2017 年渗滤液处理厂（二期）的进、出口逐月水质监测数据

时间	pH值	Cl⁻/(mg/L)	BOD₅/(mg/L)	CODcr/(mg/L)	氨氮/(mg/L)	总氮/(mg/L)	SS/(mg/L)	总磷/(mg/L)	总汞/(mg/L)	总镉/(mg/L)	总铬/(mg/L)	总砷/(mg/L)	总铅/(mg/L)	Cr^{6+}/(mg/L)	粪大肠菌群数/(个/L)
2016 年 4 月 14 日	7.84	—	4780	10300	2750	5620	11600	20	未检出	未检出	0.255	0.0533	0.023	未检出	240000
2016 年 6 月 3 日	7.74	—	100	3770	1510	1740	793	9.85	未检出	未检出	未检出	0.00286	0.0114	未检出	≥24000
2016 年 6 月 21 日	7.75	11900	2520	8100	1890	2180	785	7.83	0.0004	未检出	0.22	90.2	0.0149	0.004	≥24000
2016 年 7 月 27 日	7.36	6310	5250	8010	1170	1240	2660	6.48	0.000178	未检出	0.108	0.0574	0.0768	未检出	≥240000
2016 年 8 月 30 日	7.68	7940	3970	8810	1600	1300	850	11.6	0.00021	未检出	0.046	0.081	0.0683	未检出	≥240000
2016 年 9 月 21 日	7.84	7450	1600	4540	905	1140	640	9.43	未检出	未检出	0.27	0.0188	0.0255	0.004	≥240000
2016 年 10 月 31 日	8.02	10694	1600	3370	1910	4320	780	12.8	0.00087	0.002	0.34	0.0852	0.022	0.028	≥24000
2016 年 11 月 23 日	8.19	10400	401	11500	1330	1650	11300	55	0.00427	0.00134	0.497	0.179	0.029	0.005	40

续表

时间	pH值	Cl^-/(mg/L)	BOD_5/(mg/L)	COD_{Cr}/(mg/L)	氨氮/(mg/L)	总氮/(mg/L)	SS/(mg/L)	总磷/(mg/L)	总汞/(mg/L)	总镉/(mg/L)	总铬/(mg/L)	总砷/(mg/L)	总铅/(mg/L)	Cr^{6+}/(mg/L)	粪大肠菌群数/(个/L)
2016年12月6日	8.22	13100	383	4320	1670	2010	1730	19.7	0.000843	未检出	0.44	0.14	0.019	0.005	≥24000
2017年1月6日	8.12	8860	2070	7150	1660	1790	542	0.4	0.00093	0.000107	0.412	0.101	未检出	0.016	≥24000
2017年2月10日	8.15	9070	1260	6690	2080	2190	1040	14.8	0.000241	未检出	0.12	0.122	0.0398	0.012	240000
2017年3月3日	7.72	18100	6380	14600	2730	3790	1360	26.7	0.00299	0.00276	0.434	0.216	0.0252	<0.04	9200
2016年1月21日		—	1.3	6.62	0.192	42.7	—	—	—	未检出	0.047	7.08×10^{-4}	3.08×10^{-2}	未检出	未检出
2016年2月25日	5.59	—	4.6	34.1	0.908	—	12	0.065	未检出	未检出	—	—	—	—	<20
2016年3月24日	6.24	—	3.3	18.8	1.45	36.6	13	0.068	—	未检出	未检出	—	—	—	<2
2016年4月14日	7.55	—	14.8	76.4	2.36	15.6	13	0.068	未检出	未检出	未检出	0.000984	0.00529	未检出	<20
2016年6月3日	5.32	342	7.8	37.6	2.33	23.6	8	0.041	未检出	未检出	未检出	未检出	未检出	未检出	<20
2016年6月21日	6.58	2690	0.8	未检出	0.255	15	28	0.011	未检出	未检出	未检出	0.00204	0.011	未检出	<20
2016年7月27日	6.40	2810	21.4	78.1	2.52	10.7	6	0.028	未检出	未检出	未检出	0.00181	未检出	未检出	<20
2016年8月30日	6.02	312	15.5	81.4	1.04	15.8	8	0.01	未检出	未检出	未检出	未检出	未检出	未检出	<20
2016年9月21日	7.30	601	未检出	16	0.594	5.77	8	未检出	0.000895	未检出	未检出	未检出	未检出	未检出	<20
2016年11月23日	6.01~6.08	368	0.7	12.4	0.065	26	8	未检出	未检出	未检出	未检出	未检出	未检出	未检出	<20
2016年12月6日	6.64~6.77	5730	0.6	7.75	5.85	39.3	8	未检出	未检出	未检出	未检出	未检出	未检出	未检出	未检出
2017年1月6日	6.24~6.52	290	22.2	79.1	0.169	36.2	7	0.039	未检出	未检出	未检出	0.00586	未检出	未检出	<20
2017年2月10日	6.25	721	3.52	15.8	0.156	20.9	6	0.034	未检出	未检出	未检出	未检出	0.00484	未检出	<20
2017年3月3日			2.6	15.9	0.536	12.1	<4	0.02	0.00011	<0.00005	<0.00011	0.00152	<0.00009	<0.004	未检出
GB 16889—2008	—	800	30	100	25	40	30	3	0.001	0.01	0.1	0.1	0.1	0.05	10000

注：氯化物排放参照执行《污水排入城镇下水道水质标准》(GB/T 31962—2015) B级标准。

（2）渗滤液的处理工艺

2008 年之前，某市固体废弃物卫生处置场产生的垃圾渗滤液通过专用输送管道转运到污水处理厂处理，到雨季还要动用部分洒水车转运渗滤液。某市于 2007 年 4 月～2009 年 9 月，建设完成处理规模为 1300m³/d 的垃圾渗滤液处理厂，处理工艺为"膜生物反应器（MBR）＋膜处理"。目前正常运行，出水达到《生活垃圾填埋场污染控制标准》（GB 16889—2008）的排放标准。出水经垃圾处置场污水站水泵提升至山顶的高位水池（管理站侧），再由高位水池沿成洛路敷设的输液管排至铁路西侧已建污水管，进而排入三环路污水管网，最终由当地城市生活污水处理厂处理达标后排入陡沟河。

2012 年，某市固体废弃物卫生处置场渗滤液处理扩容工程开始建设，设计处理规模 1000m³/d（进水量），采用"水质均化＋膜生物反应器（MBR）＋纳滤系统（NF）＋反渗透系统（RO）"工艺，出水水质能达到《生活垃圾填埋场污染控制标准》（GB 16889—2008）的排放标准，排水仍然采用一期原有方式。

根据实测统计，2016 年填埋场垃圾渗滤液需处理量已达到 120 万立方米每天左右，即 3290m³/d。渗滤液处理厂一、二期处理规模为 2300m³/d（进水量），但实际仅能够达到 1800m³/d 垃圾渗滤液处理能力（出水量），与渗滤液产生量仍有较大缺口。

为防止渗滤液溢流，已在垃圾大坝北侧修建了 8 个渗滤液调蓄池，总容积为 28.4 万立方米，大部分时间处于高水位状态。在雨季及渗滤液高峰月份，除通过上述使用中的调蓄池储存外，还通过罐车运输至污水厂的应急方式处置。

为解决某固体废弃物卫生处置场地渗滤液处理能力不足的问题，保证填埋场及周边相应固废处理设施正常运行，拟建渗滤液三期处理工程。三期工程设计垃圾渗滤液处理规模为 2000m³/d，采用"外置式膜生物反应器（MBR）＋纳滤系统（NF）＋反渗透系统（RO）"处理工艺。垃圾渗滤液经处理达《生活垃圾填埋场污染控制标准》（GB 16889—2008）标准后由渗滤液专用输送管道进入某市城市生活污水处理厂处理，达《城镇污水处理厂污染物排放标准》（GB 18918—2002）一级 A 标准后排入陡沟河中。

① 渗滤液一期、二期处理工程工艺介绍　渗滤液一期工程处理工艺及产污流程如图 6-5 所示。

渗滤液二期工程处理工艺及产污流程如图 6-6 所示。

② 三期工艺介绍　某市固体废弃物卫生处置场渗滤液处理扩容工程（三期）位于现有垃圾渗滤液处理厂一期、二期工程西北侧，新征地 57 亩。渗滤液三期工程处理工艺及产污流程见图 6-7。

渗滤液处理三期主体工程、设备、尾水排放输送管道及其生产性构筑物和配套的辅助建（构）筑物均为新建，渗滤液调蓄池依托现有厂区设施。

a. 主体工程

Ⅰ. 初沉池。功能：通过沉淀作用去除渗滤液进水中的颗粒物或悬浮物，便于后期渗滤液输送及处理。

池体个数：1 座。

池体尺寸：$L \times B \times H = 10m \times 10m \times 8m$。

有效容积：$V = 800m^3$。

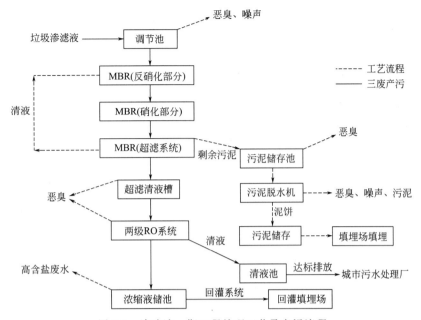

图 6-5　渗滤液一期工程处理工艺及产污流程

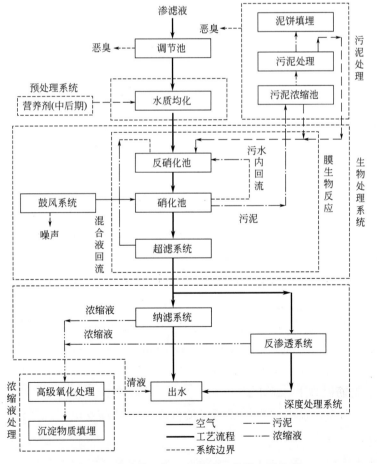

图 6-6　渗滤液二期工程处理工艺及产污流程

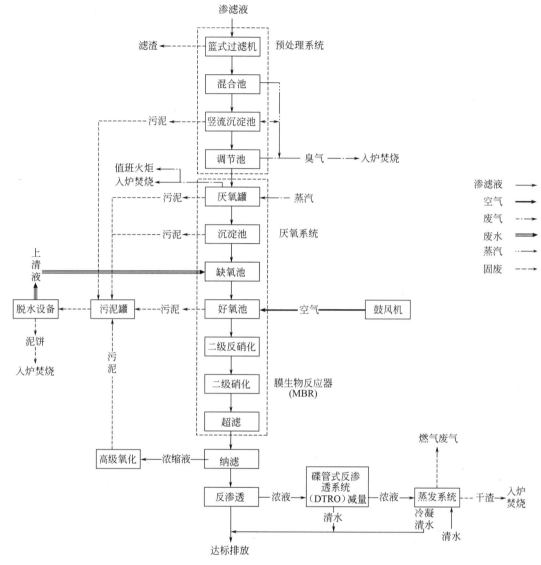

图 6-7 渗滤液三期工程处理工艺及产污流程

结构类型：钢筋混凝土，地下式。

Ⅱ. 调节池。功能：填埋场水质不稳定时，添加营养剂或水质 pH 调节剂等，其中一座兼作事故应急池。

池体个数：2 座。

池体尺寸：L（长）$\times B$（宽）$\times H$（深）$=20m \times 10m \times 12m$。

有效容积：$V=2300m^3$（总容积为 $4600m^3$）。

结构类型：钢筋混凝土，地下式。

Ⅲ. 混合池。功能：接纳垃圾填埋场渗滤液和万兴垃圾发电厂二期渗滤液，在池中混合，均化水质。

池体个数：1 座。

池体尺寸：L（长）$\times B$（宽）$\times H$（深）$=5m \times 20.4m \times 12m$。

结构类型：钢筋混凝土，地下式。

Ⅳ. 厌氧反应器。功能：通过厌氧消化作用，将水中的难溶性大分子污染物水解后分解为小分子有机酸和无机物等物质，降低废水浓度，并提高渗滤液可生化性。

反应器个数：4座。

罐体尺寸：$\phi 15\text{m} \times 16\text{m}$。

有效容积：$V = 2560\text{m}^3$（总容积为 10160m^3）。

结构类型：钢筋混凝土，地下式，由厌氧反应器、回流设备、加热设备、水封设备、沼气收集设备组成。

厌氧反应器设计参数见表 6-5。

表 6-5　厌氧反应器设计参数

序号	主要设计参数	设计值
1	设计进水流量/(m³/d)	500
2	设计厌氧温度/℃	30～35
3	设计进水 COD/(mg/L)	30000
4	设计出水 COD/(mg/L)	8000
5	COD 厌氧去除率/%	73.3
6	COD 设计容积负荷/(kg/m³)	20000
7	厌氧罐有效容积/m³	6
8	厌氧罐尺寸/m³	2560
9	工艺形式/材质	上流式厌氧复合床反应器(UASBF)/搪瓷罐

Ⅴ. 生化系统（膜生物反应器系统）。生化工艺段采用两级 A/O 膜生物反应器。MBR系统主要由一级硝化池、二级硝化池、反硝化池、UF 系统、鼓风曝气系统、消泡系统、冷却系统、控制系统等组成。其中：硝化池、反硝化池仍采用混凝土池体形式；UF 系统采用外置式中空纤维超滤膜，膜组件设于膜车间内。

• MBR 系统。生化系统采用 MBR 系统，处理系统的设计参数见表 6-6。

表 6-6　MBR 系统设计参数

项目		参数描述
形式		前置反硝化
一级缺氧段	设计进水 TN	3.0kg/m³
	设计出水 TN	0.2kg/m³
	设计反硝化速率	0.12kg TN/(kg MLSS·d)
	设计 MLSS	10kg/m³
	所需反硝化池池容	5600m³
	反硝化池停留时间	2.8d
	设计停留时间	3.1d
	反硝化池尺寸	19.6m×10m×9m,有效水位 8.0m,4 座
	反硝化池有效容积	6272m³
	硝化液回流比	≤1000%

项目	参数描述	
形式	前置反硝化	
一级好氧段	设计进水 NH₃-N	2.75kg/m³
	设计出水 NH₃-N	0.01kg/m³
	硝化速率	0.03kg TN/(kg MLSS · d)
	污泥浓度	10kg/m³
	所需硝化池池容	21920m³
	硝化池停留时间	10.96d
	硝化池尺寸	24m×24m×9.0m,有效水位 8.0m,4 座
	硝化池有效容积	18432m³
	曝气量	613m³/min
	曝气形式	射流曝气
	污泥含水率	98.8%～99%
二级缺氧段	设计进水 TN	0.4kg/m³
	设计出水 TN	0.03kg/m³
	设计反硝化速率	0.06kg TN/(kg MLSS · d)
	设计 MLSS	10kg/m³
	反硝化池停留时间	17.8h
	所需反硝化池池容	1480m³
	反硝化池尺寸	6m×11.8m×9.0m,有效水位 8.0m,4 座
	反硝化池有效池容	2266m³
二级好氧段	设计进水氨氮	0.25kg/m³

・超滤系统（UF）。渗滤液处理三期工程共设置 8 套 MBR 超滤组件，超滤系统包括超滤膜组件及配套设施，设计参数见表 6-7。

表 6-7　超滤系统设计参数

序号	项目	设计数据
1	MBR 超滤成套机组	8 套
2	设计出水量	2000m³/d
3	设计温度	常温
4	操作压力	10bar
5	内部膜芯直径	8mm
6	膜的过滤孔径	20～30mm
7	设计膜通量	68.51L/(m² · h)
8	单支膜面积	27.05m²
9	膜组件数量	45 支
10	膜总过滤面积	1217.25m²
11	膜材质	聚偏氟乙烯

Ⅵ．深度处理系统。深度处理系统采用"纳滤处理系统（NF）＋反渗透系统（RO）"组合工艺。

· 纳滤处理系统（NF）。纳滤处理系统包括纳滤膜组件及配套设施，共设置 5 套，4 用 1 备。设计参数见表 6-8。

表 6-8 纳滤处理系统设计参数

序号	项目	设计数据
1	进水流量	$2000m^3/d$
2	膜形式	卷式
3	设计膜通量	$14L/(m^2 \cdot h)$
4	单支膜面积	$37m^2$
5	膜组件数量	137 支
6	膜总过滤面积	$5069m^2$
7	设计最大操作压力	15bar
8	清液产率	≥85％

· 反渗透系统（RO）。反渗透系统包括反渗透膜组件及配套设施，共设置 3 套，2 用 1 备。设计参数见表 6-9。

表 6-9 反渗透系统设计参数

序号	项目	设计数据
1	进水流量	$1000m^3/d$
2	膜形式	卷式
3	设计膜通量	$14L/(m^2 \cdot h)$
4	单支膜面积	$37m^2$
5	膜组件数量	52 支
6	膜总过滤面积	$1924m^2$
7	设计最大操作压力	40bar
8	清液产率	≥75％

Ⅶ．浓缩液处理系统。深度处理过程中产生的浓液成分不一，应分别处置。纳滤系统产生的浓液采用高级氧化处理系统处理，反渗透系统产生浓液采用"碟管式反渗透（DTRO）减量化＋浸没燃烧蒸发（SCE）工艺"处理系统。

· 高级氧化处理系统。纳滤浓缩液采用高级氧化技术处理，经过处理后，产生的清液回流至纳滤进水罐，产生的浓液进入浓缩液处理系统。

高级氧化处理系统建设有集水池、调节槽、沉淀池、中间水池、高级氧化技术（AOP）反应塔、生物活性炭（BAC）反应器、臭氧发生系统及液氧储罐等，具体参数如下。

集水池：1 座，尺寸 4m×5m×6m，混凝土结构。

调节槽：1 座，尺寸 1.5m×1.5m×2.5m，不锈钢结构。

药剂储罐：1 个，容积 $20m^3$，PE 材料。

沉淀池：1座，尺寸 5m×5m×6m，混凝土结构。

中间水池1：2座，尺寸 2.35m×2.35m×6m，混凝土结构。

AOP 反应塔：6座，尺寸 ϕ2.2m×7m，碳钢（CS）材质。

中间水池2：3座，尺寸 1.5m×5.0m×6m，混凝土结构。

BAC 反应塔：4座，尺寸 ϕ2.5m×7.0m，碳钢（CS）材质。

排放储池：1座，尺寸 5.0m×8.05m×6m，混凝土结构。

液氧储罐：1个，容积 50m^3，钢结构。

高级氧化处理系统设计参数见表 6-10。

表 6-10　高级氧化处理系统设计参数

序号	项目	设计数据
1	设计处理量	309m^3/d
2	加药	PAM
3	臭氧发生器	20kg/h,3 台
4	曝气方式	微孔曝气
5	BAC 填装量	35.2t
6	污泥产量	35m^3/d
7	出水量	319m^3/d

• "DTRO 减量化＋SCE 工艺"处理系统。RO 系统产生的浓液进入"DTRO 减量化＋SCE 工艺"系统处置处理。DTRO 减量处理包括水质软化和碟管式反渗透，从而进一步浓缩浓液。减量后浓液进入 SCE 装置，以天然气为燃料，燃烧蒸发浓液中水分，水蒸气冷凝后外排，残渣焚烧处置。"DTRO 减量化＋SCE 工艺"处理系统设计参数如表 6-11 所示。

表 6-11　"DTRO 减量化＋SCE 工艺"处理系统设计参数

序号	项目	设计数据
1	DTRO 装置	4 套
		设计处理量 600m^3/d
		产水率 50%
2	SCE 系统	SCE 蒸发器 1 台
		设计处理能力 350t/d
		以天然气为燃料,8m^3/m^3 渗滤液
		干渣含水率 60%～70%

Ⅷ. 污泥处理系统。膜生化反应器污泥、浓缩液处理系统污泥送至储泥池，经浓缩后进入污泥脱水设备，产生的泥饼运输至污水处理厂与污泥一起集中处理处置，污泥上清液回流至厌氧反应器。系统设计储泥池 1 座、浓缩液池 1 座及污泥脱水设备 1 台。

污泥池：1座，尺寸 12m×24m×9m，钢混半地下。

纳滤浓缩液池：1座，尺寸 12m×24m×9m，钢混半地下。

污泥脱水清液池：1座，尺寸 12m×8m×9m，钢混半地下。

清水池：1座，尺寸 12m×8m×9m，钢混半地下。

污泥处理系统设计参数见表 6-12。

表 6-12　污泥处理系统设计参数

序号	项目	设计数据
1	污泥产生量	411t/d
2	污泥处理前含水率	98.5%
3	污泥浓缩池含水率	97%
4	浓缩后污泥量	205.6t/d
5	污泥脱水形式	旋压式污泥脱水机
6	污泥脱水机处理能力	20～40t/h
7	污泥脱水加药	PAM
8	污泥脱水后含水率	≤80%
9	脱水后干污泥量	43.8t/d

6.2.3　填埋气体综合利用与处理

某市固体废物处置场填埋气体检测结果表明，CH_4 和 CO_2 总体平均浓度分别为 59.5% 和 37.5%，说明垃圾分解状态良好且有机物质含量较高，保持较稳定状态。选用《IPCC-国家温室气体清单优良作法指南和不确定性管理》指导公式进行计算，2010～2033 年每年填埋气体产生速率为 1400～4500m³/h，在 2010 年后的 10 年中，该产气量能保证 3MW 发电量，具有较好的经济效益。

某市固体废物处置场填埋气体综合利用（CDM）项目用地为 10 亩，利用填埋场一期、二期工程的填埋气进行发电，实现再生能源综合利用。项目总发电量为 20.8MW（14× 1487kW），年运行时间为 8000h，所发电经 4.5km 线路接入变电站。

6.3　填埋场地下水污染调查与评价

6.3.1　填埋场地下水污染途径与调查方法

（1）填埋场地下水污染途径

填埋是垃圾经各种方式处理后的最终归宿，也是消纳生活垃圾最经济便捷的方法。正规生活垃圾填埋场设置了大量的防护措施，在正常情况下，垃圾填埋场在运营期、封场期、服务期满后等各个时期，垃圾渗滤液一般不会进入地下水。但在填埋区内或渗滤液调节池的防渗结构损坏甚至破裂的情况下，可能导致渗滤液出现渗漏进入地下水，增加地下水中污染物指标的种类及数量。

（2）污染调查方法

在实际开展填埋场生态修复工作之前，需对填埋场的基本情况进行初步调查。该阶段可掌握填埋场的基本情况，然后结合初步调查收集资料和实地踏勘内容，做出合理的污染风险评价，初步判断填埋场的污染程度、治理优先性和治理重点。进一步地详细调查和实验分析，更加深入、全面调查填埋场的实际情况和污染程度，并能制定可行的填埋场治理方案，为制定合理的生态修复方案提供依据。

① 初步调查　生活垃圾填埋场初步调查主要是以基础资料的收集整理、现场实地调查与测量为主，并进行少量的勘探和测试工作。其主要任务是初步查明填埋场的基本简介、垃圾的分布范围和成分特征、所在区域的水文地质条件及周边生产生活点和生态环境情况。

② 风险评价　填埋场风险评价参考《生活垃圾填埋场无害化评价标准》（CJJ/T 107—2019）和《生活垃圾填埋场稳定化场地利用技术要求》（GB/T 25179—2010）等国内相关标准，从填埋场的环境污染角度入手，判别填埋场污染环境风险的大小。生活垃圾填埋场风险评价可分为两个部分：垃圾污染风险评价和填埋场地下水污染风险评价。

③ 详细调查　填埋场经过初步的调查和风险评价后，可判断其污染风险情况，进一步分析采样样品，可判断填埋场的稳定性，并能初步选择治理技术。除了对填埋场渗滤液和填埋气体样品做更进一步的检测外，不同的治理技术还需要对填埋场中特殊的环境样品进行分析，从而制定合理的治理技术方案。

6.3.2 ▶ 填埋场地下水评价方法

填埋场地下水评价方法主要有标准指数法、内梅罗指数法、地下水质量评分法、累计污染负荷比法等评价方法。

填埋场地下水水质评价标准采用《地下水质量标准》（GB/T 14848—2017），未列入的指标可参考《地表水环境质量标准》（GB 3838—2002）。

调查与评价方法可参考《环境影响评价技术导则地下水环境》（HJ 610—2016）和《污染地块地下水修复和风险管控技术导则》（HJ 25.6—2019）。

6.3.3 ▶ 填埋场水文地质条件

（1）含水层类型及性质

填埋场实习区内地下水主要为第四系松散层孔隙水及基岩裂隙水。地下水赋存于基岩风化裂隙及含角砾和块石较多的第四系坡残积物中，二者组成统一的含水层，并受地形地貌、岩性和裂隙发育程度控制。

① 孔隙水　第四系松散层孔隙水主要分布在小溪河床及两岸狭长地带，少量埋藏于谷坡地带。

含水介质是全新统坡残积物，是蓬莱镇组的风化产物，含少量砂岩角砾及碎石。钻孔揭露的厚度：谷底坡残积物厚度较大，一般为 0.40～3.30m，平均约为 1.70m；谷坡厚度为 0.30～2.20m，平均为 1.01m。含水层结构松散，给水能力和渗透能力相对较强，赋存有较丰富的地下水。含水层夹有亚黏土薄层或透镜体。

压水试验表明：风化层的单位吸水量为 0.342～1.090L/min，渗透系数为 0.319～0.980m/d。

② 基岩裂隙水　地下水主要为基岩裂隙水，且分布于整个研究区。含水基岩主要为蓬莱镇组地层。

由于砂泥岩互层储水量相对较小，地下水总体上沿顺层裂隙自南向北运动，遇沟谷切割出露成泉。该含水层组排泄方式之一是以地下隐伏排泄的方式侧向补给第四系松散层。以接受大气降水为补给源，潜水层具有埋藏浅、水质较差、易受污染等特点。压水试验表明：单位吸水量最大值为 0.030L/min，一般为 0.001～0.010L/min；渗透系数最大值为 0.31m/d，一般为 0.001～0.011m/d。

（2）地下水补给、径流、排泄

填埋场区位于构造剥蚀浅切脊状低山的山谷里，南部地势高，北部地势低，地下水由南向北运动，西、东两侧为小山或山脊，整个研究区可视为一相对独立的水文地质单元，地下水循环的路径较短。

该区域补给主要是靠大气降水，泉水流量变化亦受此控制。两岸的地下水补给山谷的小溪水，主要含水层是蓬莱镇组的基岩裂隙水层，以潜伏式补给和泉补给为主。

小溪逐渐由窄变宽，地下水的分水岭与地表水分水岭一致，其流向与地形坡向也基本一致。地下水以井、泉方式出露，或直接由大气降水沿孔隙渗入地下，转化成地下水，顺着山坡流向低处，于谷底沟谷切割处出露地表，形成地表小溪流，最终排泄至长安河。四方山断层破碎带通过分水岭——双土地最后到达鲤鱼村，但破碎带挤压较紧密，且泥岩类岩石居多，裂隙被黏土及方解石等充填，透水性不强，四周山体厚实，地下水不存在向邻谷渗漏的可能性。

区内已构成一完整的补给、径流、排泄水文地质单元，其地下水运移示意图见图6-8。

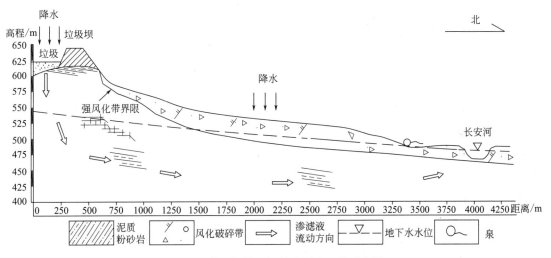

图6-8　某垃圾填埋场的地下水运移示意图

（3）地下水化学特征

区内地下水主要以井、泉方式出露，水化学类型较简单，多属重碳酸钙型水。水温 9～25℃；矿化度 0.3～0.5g/L，个别小于 0.3g/L 或大于 0.5g/L；pH 值为 6.5～7.8；总硬度 5～25 德度（德制硬度），个别点大于 25 德度。

（4）地下水动态变化规律

区内地下水主要受大气降水补给，最高的地下水位出现在 6～9 月，最低的地下水位一般出现在 1～3 月。由于水交替循环强烈，各含水层遭受不同程度的切割，具有径流途径短、就地补给、就地排泄的特点，与降水关系密切，降水后水量增大，枯季则变小。泉流量一般相差 2～10 倍，个别泉水还有断流现象。

6.3.4 填埋场地下水监测

某市固体废弃物卫生处置场 2013～2014 年的地下水水质监测结果如表 6-13 所示。

表 6-13　固体废弃物卫生处置场 2013～2014 年的地下水水质监测结果

检测项目	检出率/%	最小值	最大值	平均值
pH 值	100	7.23	7.60	7.48
总硬度	100	268	1650	560.8
溶解性总固体(TDS)/(mg/L)	100	535	4930	1878
Cu/(mg/L)	100	0.01	0.082	0.032
Zn/(mg/L)	100	0.021	0.032	0.027
Ni/(mg/L)	0	—	—	—
Pb/(mg/L)	0	—	—	—
Cl^-/(mg/L)	100	7.43	525	123.8
SO_4^{2-}/(mg/L)	100	28.4	3060	325
氨氮/(mg/L)	100	0.189	0.559	0.27
NO_3^-/(mg/L)	100	1.59	47.4	9.54
NO_2^-/(mg/L)	100	0.003	0.024	0.009
Fe/(mg/L)	100	0.005	0.772	0.222
Mn/(mg/L)	100	0.011	1.06	0.145
Hg/(mg/L)	0	—	—	—
Cr^{6+}/(mg/L)	0	—	—	—
As/(mg/L)	0	—	—	—
Se/(mg/L)	0	—	—	—
Cd/(mg/L)	0	—	—	—
F^-/(mg/L)	100	0.3	1.04	0.478
CN^-/(mg/L)	6.6	—	0.02	0.0013
挥发酚/(mg/L)	0	—	—	—
铍/(mg/L)	100	2×10^{-5}	9.09×10^{-4}	2.3×10^{-4}
钡/(mg/L)	100	0.01	0.533	0.174
钼/(mg/L)	0	—	—	—
钴/(mg/L)	0	—	—	—
双对氯苯基三氯乙烷(DDT)/(mg/L)	0	—	—	—
六氯环己烷(666)/(mg/L)	0	—	—	—
碘化物/(mg/L)	14.3	0.029	0.197	0.113
总大肠杆菌数/(个/L)	100	50	1100	307.3
总细菌数/(个/L)	100	420	6300	1974.7

注："—"号表示未检出；pH 值、总硬度无单位。

6.4 课堂分组讨论

① 某市固体废弃物卫生处置场选址的合理性分析；若需新建生活垃圾卫生填埋场，请给出合理的选址建议。

② 分析卫生填埋场的产污环节，给出二次污染治理措施建议，包括运输环节、填埋场运行期间、填埋场封场期间。

③ 结合渗滤液水质，讨论渗滤液处理的难点，并比选设计相应的处理工艺。

④ 结合填埋场地下水监测数据，初步判断填埋场地下水的污染特征；讨论填埋场地下水的污染途径，并设计填埋场地下水的监测方案。

6.5 现场实习要求

① 以图片和文字的形式进行记录。

② 记录填埋场的操作运行过程和规程、现场的操作人员、操作器械的类型和数量，以及运行操作管理规范。

③ 记录当前的垃圾日处理量，填埋场设计库容、运行历史、剩余库容，以及各环节详细的设计和运行参数。

④ 记录填埋气体产生量，填埋气体组分和含量，处理工艺流程、各处理环节详细的设计和运行参数。

⑤ 记录渗滤液的产生量、进出水水质、处理工艺流程、各处理环节详细的设计和运行参数。

⑥ 收集填埋场的运行管理资料，包括机构人员配置、岗位与职能、日常环保管理等方面。

⑦核对教材中环评资料与实际工程的差异，并分析其原因。

⑧ 现场踏勘填埋场，完成地表水、地下水、大气的监测点布置。

6.6 扩展阅读与参考资料

① 处置场沼气火灾与爆炸事故应急预案

http：//gk. chengdu. gov. cn/enterprise/detail. action? id＝18690＆tn＝0

② 填埋库区运行应急预案

http：//gk. chengdu. gov. cn/enterprise/detail. action? id＝19180＆tn＝0

③ 处置场污水输送管道发生突发性事故的应急预案

http：//gk. chengdu. gov. cn/enterprise/detail. action? id＝19106＆tn＝0

④ 固体废弃物卫生处置场垃圾渗滤液处理工程（一期）职业病危害评价

http：//www. zhongwang51. com/news. php? act＝show＆id＝449

⑤ 地下水环境质量标准，环境影响评价导则

http：//kjs. mee. gov. cn/hjbhbz

⑥ 填埋场渗滤液处理工程职业病危害评价：固体废弃物卫生处置场垃圾渗滤液处理工程（一期）

http：//www. zhongwang51. com/news. php？ act＝show＆id＝449

实习7

城市生活垃圾焚烧发电厂实习

实习目的

本实习在某城市生活垃圾焚烧发电厂进行，通过实习，达到以下目的：

① 了解生活垃圾焚烧厂的日常管理与二次污染防护。

② 理解生活垃圾焚烧厂的工艺流程与操作运行规范。

③ 理解生活垃圾焚烧厂渗滤液的水质特征，以及处理难点；掌握渗滤液膜处理工艺，以及对常规的技术方法的比选。

④ 掌握生活垃圾焚烧烟气的处理方法。

实习重点

收集垃圾焚烧发电厂的相关排放参数，在实习报告中评价和预测垃圾焚烧烟气对周围环境的影响；根据现场踏勘结果，编制该垃圾焚烧发电厂的土壤污染排查方案。

实习准备

实习前应该充分回顾所学的相关专业知识，并查阅以下资料：

① 生活垃圾焚烧厂的选址原则。

② 生活垃圾焚烧厂的产污环节。

③ 生活垃圾焚烧烟气组成特征、处理工艺，以及烟气处理系统的设计与运行管理。

④ 污染场地土壤调查与评价技术规范。

7.1 城市生活垃圾焚烧发电厂简介

某市城市生活垃圾焚烧发电厂是某市第二座垃圾焚烧发电厂，占地 90 亩，采用建设—经营—转让（BOT）运行模式。该垃圾焚烧发电厂目前运行有 3 台 600t/d 焚烧炉及 3 台余热锅炉，配套装机容量为 $2\times18MW$ 汽轮发电机组，年处理垃圾 65 万吨，年发电量 $2.46\times10^8 kW\cdot h$。

该垃圾焚烧发电厂总用地面积 $60073m^2$，总建筑面积 $25364.3m^2$，主要建设内容为：主要生产区（包括焚烧厂房、汽轮机房及主控楼）、渗滤液处理区、调压站、供排水系统、员工宿舍、办公楼、食堂及其他辅助设施等。

7.2 城市生活垃圾焚烧发电厂工艺

7.2.1 垃圾焚烧处理系统概述

在城市生活垃圾焚烧发电厂，首先运载垃圾的运输车经称重后通过垃圾倾卸门将垃圾倾倒于垃圾贮坑中。垃圾在垃圾贮坑中存放 3~5 天脱除一定的渗滤液水分后，热值得以提高。垃圾起重机将脱水后的垃圾送至焚烧炉给料平台，经过给料斗及给料槽后，给料器把垃圾推到逆推式机械炉排上进行干燥、燃烧、燃烬及冷却，垃圾在炉排上的停留时间约为 1.5~2.5h。通过对焚烧炉炉膛结构尺寸进行特殊设计，敷设耐火材料，配置合理的一、二次风助燃空气系统等措施，垃圾在焚烧炉内着火稳定并能完全燃烧，所产生的烟气在燃烧室内维持 850℃ 以上温度时的停留时间 $\geqslant 2s$，垃圾燃烧后的炉渣热灼减率 $\leqslant 3\%$。同时在第一烟道设有 SNCR 系统接口，通过喷入尿素控制 NO_x 的生成。烟气进入余热锅炉以后，通过与锅炉中的水进行充分的热交换，产生中温中压的过热蒸汽，进入汽轮机发电机组做功产生电能，汽轮发电机所发电力，除了电厂自用之外，剩余电力全部经 110kV 线路接入电网系统。

垃圾燃尽后剩下的灰渣经除渣机收集，用皮带输送到渣仓，在输送过程中经磁选分离出黑色金属，然后进行综合利用或填埋。

烟气处理采用半干法烟气处理技术——"活性炭吸附＋喷雾塔＋布袋除尘"系统，通过在管道上喷入活性炭来控制重金属、二噁英，向喷雾塔喷入石灰浆来控制烟气中的酸性气体，布袋除尘器有效滤除烟气中的粉尘等污染物，然后经引风机抽出，通过烟囱排往大气。

喷雾塔、布袋除尘器收集下来的飞灰（含有活性炭）及烟气处理系统的残余物，在厂内经"水泥＋螯合剂"固化后，运至指定地点填埋。

垃圾产生的渗滤液采用"反应沉淀＋UASB 厌氧＋缺氧＋好氧＋MBR 超滤＋纳滤"处理相结合的工艺方法进行处理，将废水中的污染物去除，出水排入城市污水管网。

焚烧厂生产工艺及产污环节如图 7-1 所示。

7.2.2 垃圾焚烧处理系统

（1）垃圾卸料门

垃圾卸料门设置在标高 7.00m 的卸料平台，车辆通过垃圾卸料门倾倒垃圾。卸料门是连接垃圾倾卸平台和垃圾贮坑的重要环节，平时关闭以保证安全并防止垃圾贮坑中的灰尘及臭气向外泄漏，只有当车辆倾卸垃圾时卸料门才开启。

结合《生活垃圾焚烧处理工程技术规范》，考虑焚烧厂的处理规模，设置 9 个垃圾卸料门。垃圾卸料门采取液压两折铰链式，在关闭时呈倾斜状态，靠自重压在卸料平台边缘，密封效果好。垃圾卸料门的开启与垃圾起重机的作业相互协调，并通过信号灯（红绿灯）的指

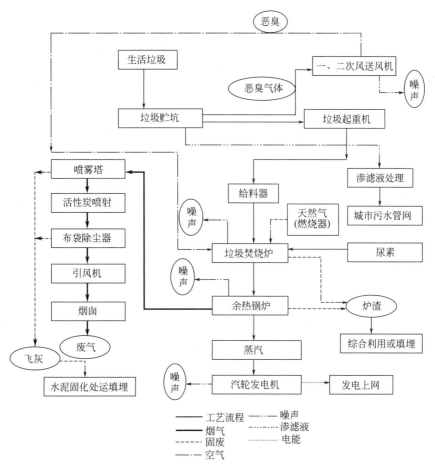

图 7-1 焚烧厂生产工艺及产污环节

示来反映其开闭状态。

（2）垃圾贮坑

垃圾贮坑的容量按可贮存大于 5 天的垃圾处理量（9000t 以上）考虑，长 76.8m，宽 18m，垃圾卸料平台标高 7.00m，垃圾贮坑底部－9.00m，容积约为 22118m³（至卸料平台标高的容积），垃圾实际堆放容积约为 28750m³，垃圾堆放密度按 0.35t/m³ 考虑，可贮存约 10000t 垃圾。

垃圾贮坑的上部设有一、二次抽风口，使其保持在负压状态下运行，防止臭气及灰尘外逸。在垃圾贮坑内合适的角度和位置装设摄像头，以便监视垃圾的倾倒情况，并将信号传至中央控制室。

垃圾贮坑底部设有渗滤液收集池及渗滤液泵，便于垃圾渗滤液的收集。在垃圾贮坑底部的渗滤液排放处，设置有渗滤液流通格栅；在渗滤液收集侧，设置有清堵走廊，当渗滤液排放受堵时，可以及时清理。此外，在装有流通格栅一侧的垃圾贮坑墙上每隔一定距离处开槽，以使从垃圾中渗滤出的原生渗滤液能够分离出来并贮存于渗滤液收集池中。垃圾贮坑为钢筋混凝土结构，采用 C40 抗渗混凝土（抗渗等级 P12），池壁处理采用三毡两油，可以达到良好的防渗防腐蚀效果。

贮坑面积约为 1382m²，起重机轨道顶面相对标高为＋34.50m，设有足够的空间以便吊车的搅拌、混合和堆置等运行操作，设有两个抓斗检修空间。贮坑设有消防、防爆系统，侧壁和坑底强度能抗抓斗冲击。

（3）垃圾焚烧炉

本工程共配备3台日处理600t垃圾的机械焚烧炉，主要参数见表7-1。

表 7-1 焚烧炉性能参数

性能参数名称	单位	数据
焚烧炉单台处理量	t/h	25
焚烧炉超负荷运行时的最大处理量	t/h	27.5
无助燃条件下使垃圾稳定燃烧的低位热值要求	kJ/kg	4500
焚烧炉年正常工作时间	h	不小于8000
全厂年处理能力	万吨	65
垃圾在焚烧炉中的停留时间	h	1.5～2.5
烟气在燃烧室中的停留时间	s	≥2
燃烧室烟气温度	℃	990
助燃空气过剩系数		1.9
助燃空气温度	℃	一次风:200 二次风:230
焚烧炉运行负荷范围	%	60～110
焚烧炉经济负荷范围	%	90～100
燃烧室出口烟气中的CO浓度	mg/m³（标）	100
燃烧室出口烟气中的O_2浓度	%	6～12
余热锅炉过热蒸汽温度	℃	400
余热锅炉过热蒸汽压力	MPa	4.0
蒸汽量指标（max）	t/h	58.39
余热锅炉排烟温度	℃	＜230
余热锅炉给水温度	℃	130
锅炉效率	%	79
焚烧炉渣热灼减率	%	≤3

（4）点火及助燃系统

本工程采用7000kJ/kg为焚烧炉设计低位热值点，热值适应范围为4500～10000kJ/kg。仅当生活垃圾热值低于4500kJ/kg时才需添加辅助燃料。根据某市当地的燃料供应情况，选择天然气作为辅助燃料。每台焚烧炉共6台燃烧器，包括2台启动燃烧器、4台点火及辅助燃烧器。

启动燃烧器布置于炉膛的侧壁，其作用是用于焚烧炉启动时的升温和停炉时的降温。点火及辅助燃烧器布置在炉膛的后墙，其作用是：当焚烧炉启动后，启动燃烧器投入运行，且炉膛到达一定温度，垃圾开始投入炉排，用于垃圾的点火；保证焚烧炉炉膛烟气温度高于850℃，停留时间≥2s；当垃圾热值低时，点火及辅助燃烧器可根据燃烧室的温度情况自动投运。

燃烧器包括以下设备：与焚烧炉相连的配风室、点火枪、火焰探测装置、提供燃烧、冷却用的风机、相关的阀门及控制系统。天然气从主管道接出后经调压站并计量后送到1#、

$2^\#$、$3^\#$锅炉，经过比例调节阀、燃气速断阀到各燃烧器。

7.2.3 余热锅炉系统

考虑到电厂的高可利用率及可靠性，焚烧厂选择 3 台 4.0MPa、400℃的立式锅炉。垃圾焚烧产生的烟气经余热锅炉热交换后排出，排烟温度为 130～150℃。

来自化水间的除盐水经除氧器除氧并加热到 130℃后，通过给水泵加压，经给水母管供锅炉给水和减温水。饱和蒸汽通过过热器和二级喷水减温器后得到压力为 4.0MPa、温度为 400℃的过热蒸汽。进入蒸汽母管中供汽轮发电机发电。锅炉加药水是用除盐水和药剂（磷酸三钠）配制的，其装置为台架式，加药设定值通过加药泵来控制。为保证蒸汽品质，锅炉设有连续排污和定期排污管。余热锅炉的设计参数见表 7-2。

表 7-2　余热锅炉的设计参数

序号	设计内容	设计参数
1	蒸汽温度	400℃
2	蒸汽压力	4.0MPa
3	最大连续蒸发量	58.39t/h［低位热值（LHV）＝7000kJ/kg］
4	排烟温度	130～150℃
5	给水温度	130℃

7.2.4 汽轮发电系统

汽轮发电系统由主蒸汽系统、抽汽系统、真空抽气系统、汽封系统、疏水系统、循环水系统、调节系统、供油系统、辅助设备等主要部分组成。

考虑垃圾焚烧发电厂的特点，设置两台装机容量为 18MW 的中压凝汽式汽轮机及两台18MW 的发电机组。当焚烧炉产生的蒸汽量为最大时，两机均投入运行；当一台焚烧炉检修时（一年内每一台一般安排 15～30d 的检修期），可投入一台 18MW 发电机组满负荷运行，另一台降负荷运行，这时也可安排另一台 18MW 发电机组检修。两台机组的组合，运行灵活、维修方便。

发电机主要性能参数见表 7-3，汽轮机主要技术参数见表 7-4。

表 7-3　发电机主要性能参数

项目类别	技术参数
数量	2 台
型号	QF2W-18-2
额定功率	18MW
电压	10.5kV
额定转速	3000r/min
功率因数	0.8
频率变化范围	48.5～50.5Hz
冷却方式	空气冷却

表 7-4 汽轮机主要技术参数

项目类别	技术参数
数量	2 台
型号	N18-3.75
额定功率	18MW
汽机额定进气量	87.59t/h
主气门前蒸汽压力	3.75MPa
主气门前蒸汽温度	390℃
额定转速	3000r/min
抽汽级数	3 级非调整抽汽
（1 空气预热器＋1 除氧器＋1 低压加热器）	
给水温度	130℃
设计冷却水温度	27℃
最高冷却水温度	33℃

7.2.5 烟气净化系统

焚烧厂的废气主要包括：垃圾在焚烧过程中分解、氧化产生的垃圾焚烧烟气；垃圾在卸料和储存期间产生的恶臭气体；垃圾运输车辆在运输过程中排放的汽车尾气等。

（1）烟气与恶臭来源

① 焚烧烟气

a. 烟尘。垃圾在焚烧过程中分解、氧化，其不燃物以灰渣形式滞留在炉排上，灰渣中的部分小颗粒物质在热气流携带作用下，与燃烧产生的高温气体一起在炉膛内上升并排出炉口，形成了烟气中的烟尘。烟尘粒径 10～200μm，并吸附了部分重金属和有机物。

b. 酸性气体。垃圾焚烧过程中会产生 HCl、SO_x、NO_x、CO 等酸性气体。

c. 重金属。垃圾焚烧过程中会产生 Hg、Pb、Cd 等重金属。

废气中的重金属来源于垃圾中所含的重金属及化合物，如废电池、日光灯管等。在高温条件下，垃圾中的重金属物质转变为气态，在低温烟道中：部分金属由于露点温度很低，仍以气相存在于烟气中（如 Hg）；部分金属凝结成亚微米级悬浮物；部分金属蒸发后附着在烟气中的颗粒物上。其中，前两部分很难捕集消除，后一部分通过布袋除尘器随粉尘一起去除。

d. 有机物。垃圾焚烧过程中会产生苯并二噁英及苯并呋喃。

有机污染物主要是多环芳烃（PAHs）、苯并二噁英（PCDDs）、苯并呋喃（PCDFs）、多氯联苯（PCBs）等。它们以气态、冷凝态或附着在粒状污染物上的方式存在。PAHs 为具有多个苯环的物质。苯并二噁英及苯并呋喃虽然只在这些物质中占很小一部分，但对人体健康的影响及对环境的危害均十分严重。废气中二噁英的产生主要是垃圾焚烧过程中，局部供氧不足造成的，以及在有金属催化剂存在和一定温度条件下，焚烧尾气中可再次形成二噁英。二噁英形成的相关因素有温度、氧含量、氯含量及金属催化物质等。其中温度是较主要的影响因素。有关研究认为，当温度为340℃左右时，二噁英生成比例随温度上升而降低。当温度达到850℃，停留时间大于2s，氧浓度大于70％时，该类污染物可完全分解为CO_2和H_2O。

② 恶臭气体　城市生活垃圾中厨余、果皮约占垃圾总量的2/3。厨余、果皮一般以蛋白质、脂肪与多糖类（淀粉、纤维素等）有机物形式存在。这些有机物在好氧、厌氧细菌的作用下发酵、腐烂、分解，期间会逐渐产生多种恶臭气体。

垃圾放置的初期，在好氧菌作用下发生好氧生化反应，使大分子有机物分解，将有机物中的氮和硫转化成硝酸盐（NO_3^-）、硫酸盐（SO_4^{2-}），并有CO_2释放。然后，由于放置过程中垃圾压实，孔隙减小，含氧量降低，在第一阶段生成的NO_3^-和SO_4^{2-}在厌氧菌的作用下，发生第二阶段的厌氧生化反应，最终形成三甲胺、NH_3、H_2S、甲硫醇等恶臭气体。该项目恶臭污染源主要来自进厂的原始垃圾，及垃圾运输车在卸料过程中、垃圾堆放在贮坑内和渗滤液处理系统散发出的恶臭气体，其主要成分为NH_3、H_2S等。

（2）焚烧厂常规烟气净化工艺

烟气净化工艺按垃圾焚烧过程产生的废气中污染物组分、浓度及需要执行的排放标准来确定。在通常情况下，烟气净化工艺主要针对酸性气体（HCl、HF、SO_x）、二噁英及呋喃、颗粒物及重金属等进行控制，其工艺设备主要由两部分组成：酸性气体脱除和颗粒物捕集。

目前，垃圾焚烧烟气净化工艺主要包括"半干法吸收塔＋袋式除尘器"和"湿法吸收塔＋袋式除尘器"等。

a. 半干法净化工艺。半干法净化工艺的特点是：反应在气、固、液三相中进行，利用烟气显热蒸发吸收液中的水分，使最终产物为干粉状。与袋式除尘器联合使用，能进一步提高污染物去除效率。在除尘器里，反应产物连同烟气中粉尘和未参加反应的脱酸剂一起被捕集下来，达到净化目的。半干法净化工艺主要有旋转喷雾干燥法（SDA法）、半干半湿法等工艺。半干式吸收塔具有良好的应用业绩，国外垃圾焚烧厂实践的记录表明其具有高可靠性和良好的性能。

b. 湿法净化工艺。湿法净化工艺对于SO_2及HCl控制可获得最佳的效果，其吸收效率是由酸性气体扩散至碱性吸收液滴的速度所控制。湿法净化工艺与其他净化工艺相比，其最大的优点为酸去除效率高，对HCl去除效率可达95％以上。湿式吸收塔比半干式吸收塔对各种有机污染物（如PCDDs、PCDFs等）及重金属有较高的去除效率。然而湿式吸收塔也有其不足之处，主要体现在：产生含高浓度无机氯盐及重金属的废水，需经处理后才能排放；处理后的尾气因温度降低至露点以下，需再加热。

c. 袋式除尘器。颗粒物捕集则采用袋式除尘器。特别值得一提的是，国外的垃圾焚烧厂已发现在使用静电除尘器过程中，当入口烟气温度在150～300℃时，有二噁英与呋喃再合成的现象，并且温度每增加30℃，二噁英再合成的量也增多。因此，许多国家的垃圾焚烧炉除尘装置都禁止使用静电除尘器而必须采用袋式除尘器。

袋式除尘器对未反应的脱酸剂还可再利用，达到二次酸气去除的效果，提高脱酸效率，降低石灰用量，减少反应灰渣的量。同时，袋式除尘器对微小粒状物的捕集有良好效能，理论已证实重金属、二噁英及呋喃一般凝结于粒径<$1\mu m$微小粒状物的表面，袋式除尘器对这些毒性物质具有高的清除效率。

几种常见的垃圾焚烧烟气处理工艺的特点对比如表 7-5 所示。

表 7-5　常见垃圾焚烧烟气处理工艺的特点对比

比较项目	干式吸收反应塔 加袋式除尘器	喷雾干燥反应塔 加袋式除尘器	湿式洗涤塔 加袋式除尘器
二氧化硫排放浓度/(mg/m³)	<300	<200	<60
氯化氢排放浓度/(mg/m³)	<80	<30	<30
颗粒物排放浓度/(mg/m³)	<30	<10	<10
重金属及有机毒物去除率	较高	高	高
二次污染物	多	一般	少
飞灰、污泥及废水	没有	没有	多
工程投资	较低	一般	高
经营成本	较高	一般	高

根据比较，考虑到我国目前的排放标准及今后的发展，推荐采用喷雾干燥反应塔和袋式除尘器（半干法）的组合作为烟气净化的主要工艺。另外考虑到 NO_x、重金属、有机毒物的控制，增设（预留）选择性非催化还原法位置及增设活性炭喷射吸附装置作为补充和完善，该工艺流程已被国内的一些垃圾焚烧厂采用。典型垃圾焚烧系统工艺流程见图 7-2。

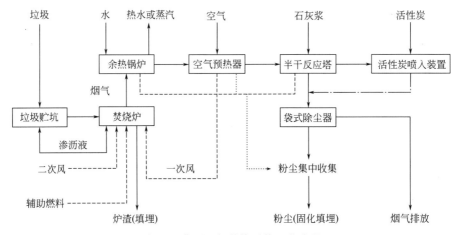

图 7-2　典型垃圾焚烧系统工艺流程

（3）实习项目烟气净化工艺设计

实习焚烧厂设置有焚烧炉 3 台，建设 3 套烟气净化系统。烟气经锅炉回收大部分热量后，进入烟气净化系统，经净化处理后通过 H（高）$=80m$、ϕ（烟囱顶端出口直径）$=2m$ 的烟囱排入大气。

焚烧厂烟气净化系统采用"喷雾干燥反应塔＋活性炭吸附＋布袋除尘器＋SNCR 系统"工艺。该工艺主要包括以下几个部分：石灰浆制备系统、喷雾干燥反应塔系统、袋式除尘器系统、SNCR 系统、活性炭喷射系统及灰渣输送系统。每台锅炉出口烟气流量在 7000kJ/kg 热值下为 127436m³（标）/h，三台总共为 382308m³（标）/h。

① 石灰浆制备系统　本设计采用半干法烟气净化工艺，吸收剂采用熟石灰。在石灰储

仓的锥底用卸料机将石灰储仓内的石灰粉可控放出，落入其下的螺旋输送机，螺旋卸料机下的螺旋密闭式输送机将干粉输送到石灰浆液制备罐，在罐内搅拌成石灰浆液，为了能够很好地控制石灰浆液喷入烟气中的量，在石灰浆液制备罐的下一级设一个石灰浆液计量罐，计量罐出来后经一个振动过滤器进入石灰浆液缓冲罐，振动过滤器的目的是将石灰浆液中的颗粒杂质过滤掉，石灰浆液缓冲罐位于石灰浆液输送泵的前面，其作用是与泵配合将石灰浆液连续输送到雾化器。

② 喷雾干燥反应塔系统　每条焚烧线设一台喷雾反应塔，喷雾干燥反应塔的控制分两部分：一是对总的浆液（水和石灰）喷入量的控制，目的是控制反应塔出口的烟气温度；二是对喷入的石灰浆量的控制，目的是把 HCl 和 SO_2 的排放浓度控制在排放标准限值以下。冷却控制系统保证反应塔出口烟气温度是相对稳定的，通常维持在 150℃ 左右。

③ 袋式除尘器系统　布袋除尘器可满足系统除尘要求，并且滤袋上的碱性滤饼层具有进一步脱除废气中酸性物、二噁英类物质和重金属的能力。袋式除尘器的清灰为脉冲清灰，可实现在线清理，不影响除尘过程，清灰周期依据除尘器的压力测试自动控制。

④ SNCR 系统　通过控制垃圾焚烧过程的燃烧温度和供氧量，抑制氮氧化物的产生，虽然可以满足排放标准的要求，但考虑到垃圾焚烧厂的环保要求及以后燃烧温度升高而引起氮氧化物增多的问题，焚烧厂设脱氮系统，使用 SNCR 系统。

⑤ 活性炭喷射系统　活性炭的喷射点设在反应塔与除尘器之间的烟气管道上，顺着烟气流动的方向喷入，随烟气一起进入后续的除尘器由布袋捕集下来。该系统需连续运行，以保证烟气排放达标。

此外，针对恶臭气体，鉴于垃圾贮坑需容纳 7～10 天的焚烧量，因此，垃圾运输过程采用封闭式运输车，垃圾贮坑全密闭设计，垃圾贮坑与卸料平台间设置自动卸料门，垃圾卸料门在不进料时保持关闭，维持负压，减少恶臭气体排放。焚烧炉正常燃烧时，垃圾贮坑顶部设置过滤装置的一次抽风口，将臭气抽入炉膛作为助燃气燃烧。渗滤液处理系统的各个处理池加盖密封，池顶废气经抽风机引至垃圾坑内，与垃圾坑中产生的臭气一并处理。

7.2.6　垃圾渗滤液处理系统

垃圾渗滤液的产生量主要受进厂垃圾的成分、水分含量和储存天数的影响，还与地域、季节等相关。某市垃圾焚烧厂所在地垃圾含水率较大、热值较低，参考国内同类型垃圾焚烧厂垃圾渗滤液的产生量并结合某市垃圾的成分，综合分析得出焚烧厂垃圾渗滤液处理系统规模按 360t/d 设计。

针对焚烧厂垃圾渗滤液水质、水量特点，结合国内相关渗滤液处理经验，从循环经济角度和工程所在地市的实际情况出发，采用"厌氧＋超滤＋纳滤"相结合的工艺处理。

渗滤液经一系列工序处理后达到《污水综合排放标准》中三级标准后，与其他废水一同排入市政污水管网。生化段产生的剩余污泥进入污泥浓缩池，经浓缩处理后的污泥由螺杆泵统一输送至离心分离机进行脱水处理。浓缩池上清液回流至渗滤液调节池，压滤后的污泥焚烧处理。

7.2.7　灰渣处理系统

生活垃圾焚烧后产生的残渣主要有炉渣、飞灰。

炉渣的来源主要包括 3 个方面：一为垃圾在炉排上燃烧时，随着炉排片的往复运动，垃圾从炉排的头部向尾部运动，在这个过程中，从炉排片的间隙就有一部分炉渣掉落到位于炉排下方的一次风配风斗中形成炉渣；二为垃圾运动到炉排尾部时，垃圾中的可燃物已经充分燃尽，剩余不可燃物从炉排尾部端头掉落到位于其后的除渣机中形成炉渣；三为锅炉第二、三通道下灰斗和第四通道下灰斗堆积的灰渣。

炉渣汇集至除渣机后排出。除渣机中的炉渣由其推杆推出经皮带输送机输送至渣仓，在输送过程中经过磁选机分离出黑色金属。分选出的未燃尽物质重新返回到焚烧炉中进行燃烧，分选出的大块炉渣及砖头送入机械粉碎机粉碎，粉碎后连同小于 5cm 的炉渣一块用皮带输送至 1.5cm 筛网筛分。小于 1.5cm 的炉渣可直接用于公路建设的铺路，没有综合利用的炉渣可按一般固体废物运往垃圾填埋场填埋。

垃圾焚烧厂设置了飞灰固化处理间，其固化处理混合设备采用搅拌机，水泥采用普通硅酸盐水泥。由于水泥为一种无机胶结材料，经水、石灰与飞灰混合后发生水化反应生成与岩石性能相近的坚硬水泥固化体。水泥与飞灰按 3∶7 的质量比进行混合，在固化物贮坑内养护一定时间后进行浸出毒性试验，测试浸出率，并进行抗压强度试验。在毒性试验合格及单轴抗压强度大于 1MPa 后，运至政府指定的垃圾填埋场进行填埋。

7.3 课堂分组讨论

① 分析生活垃圾焚烧厂的产污环节，并给出二次污染治理措施建议。

② 结合渗滤液水质，讨论渗滤液处理的难点，并比选设计相应的处理工艺；与某市固体废弃物卫生处置场的渗滤液特性进行比较，分析存在哪些差异。

③ 进行焚烧烟气处理工艺比选；结合焚烧尾气的特征，分析该焚烧厂尾气处理工艺的合理性。

④ 分析垃圾焚烧烟气的监测方案设计与环境影响评价要点。

7.4 现场实习要求

① 以图片和文字的形式进行记录。

② 记录焚烧厂的操作运行过程和规程、现场的操作人员、操作器械的类型和数量，以及运行操作管理规范。

③ 记录当前的垃圾日处理量，以及各环节详细的设计和运行参数。

④ 记录焚烧气体产生量、焚烧气体各监测点的气体组分和含量、焚烧尾气的处理工艺流程及各处理环节详细的设计和运行参数。

⑤ 记录渗滤液的产生量、进出水水质、处理工艺流程及各处理环节详细的设计和运行参数。

⑥ 收集焚烧厂的运行管理资料，包括机构人员配置、岗位与职能、日常环保管理等方面。

⑦ 现场踏勘焚烧厂地表水、地下水、大气监测点的布置情况。

7.5 扩展阅读与参考资料

①《环境影响评价技术导则土壤环境（试行）》

②《土壤环境质量建设用地土壤污染风险管控标准（试行）》

③《场地环境调查技术导则》

④《场地环境监测技术导则》

⑤《污染场地风险评估技术导则》

⑥《污染场地土壤修复技术导则》

⑦《北京市重点企业土壤环境自行监测技术指南（暂行）》

附录

附录1

填埋场地下水污染调查监测方案

1.1 调查依据

调查工作按照国家现行相关技术标准要求开展，主要执行和参考的技术标准及规范如下：

①《生活垃圾填埋场污染控制标准》（GB 16889—2008）

②《场地环境监测技术导则》（HJ 25.1—2014）

③《区域地下水污染调查评价规范》（DZ/T 0288—2015）

④《地下水调查环境监测技术指南（试行）》

⑤《地表水环境质量标准》（GB 3838—2002）

⑥《地下水质量标准》（GB/T 14848—2017）

1.2 采样频率及时间

采样频率为每年两次（枯、丰水期各一次）。丰水期地下水调查时间为20××年9月4日～20××年9月10日，采样时间在20××年9月25日9：00～19：00；枯水期地下水调查时间为20××年1月5日～20××年1月7日，采样时间在20××年1月7日10：00～19：00。

1.3 采样点的布置

1.3.1 布设内容

（1）地下水水质监测点的布设

本次研究共在15个点位采集地下水样品。参照《生活垃圾填埋场污染控制标准》（GB 16889—2008）和《场地环境监测技术导则》（HJ 25.1—2014）监测点布设要求，沿地下水流向：在地下水流向上游最高点设置背景监测井1眼，以反映场区内地下水原始水质情况；填埋场两侧设置污染扩散井2眼，以反映场区内地下水沿着地下水流向的两侧迁移扩散的情况；填埋场地下水流向下游设置污染监视井12眼，以反映场区

106

内地下水沿着地下水流向的迁移扩散情况。采样点的设置符合国家标准，具有代表性，具体设置如下：

① 背景监测井，1 眼，设在填埋场地下水流向上游 30～50m 处；

② 污染扩散井，2 眼，分别设在填埋场两侧 30～50m 处；

③ 污染监视井，12 眼，分别设在填埋场地下水流向下游。

（2）地下水水位监测点的布设

地下水水位监测点布置如附图 1 所示。本次研究共设置水位监测点 27 个，其中有 5 个位于填埋场场区内，22 个分布于填埋场场区外调查范围（20km²）内。各井点井口高程位于 500～680m 之间，水位埋深介于 0.5～13m 之间，地下水水位集中在 498～670m 之间，其中位于填埋场场区内的井点地下水水位落差较大，介于 555～670m 之间，场外沿着地下水水流方向，各井点地下水水位逐渐降低。

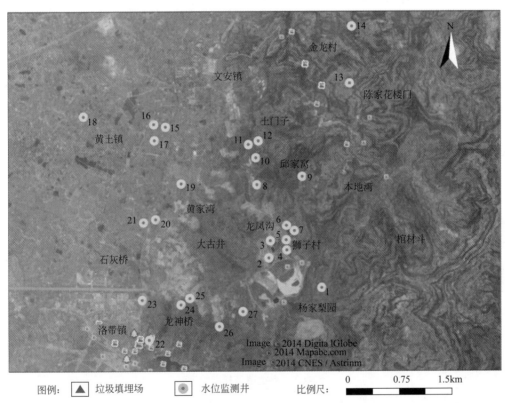

附图 1 地下水水位监测点布置图

（3）地表水水质监测点的布设

在流经填埋场的沟渠上设置 3 个地表水采样断面，分别为填埋场上游断面、龙凤沟填埋场断面（中游）和龙凤沟下游汇入长安桥河断面，分别反映场区内地表水的原始水质状况、场区内地表水情况，以及地表水污染物在下游的运移情况。采样断面具有代表性，能反映垃圾场地表水水质情况。

（4）土壤采样点的布设

场内设置土壤采样点 3 个，分别为背景监测井、污染扩散井 1 号、污染监视井 2 号对应的土壤采样点，以反映垃圾场的土壤情况，辅助分析地下水污染情况。

1.3.2 丰水期采样点布置

丰水期设置地下水采样点 15 个，地表水采样点 3 个，采样位置见附图 2，采样点情况详见附表 1。

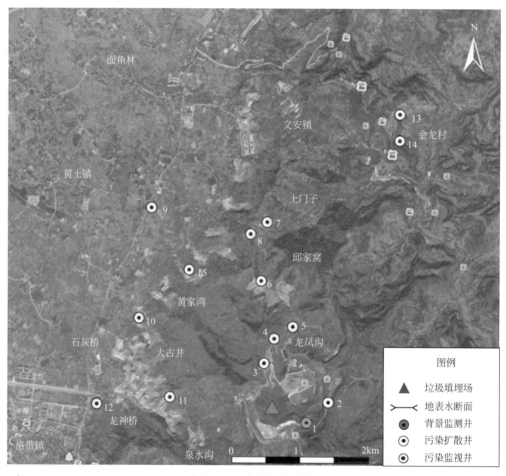

附图 2　丰水期采样位置

附表 1　丰水期采样点情况

序号	地下水采样编号	地下水类型	地下水流场位置	埋深	井口直径	功能	水井结构照片
1	背景监测井（B）	潜水	地下水流向上游	10m	0.5m	场内监测钻孔	
2	污染扩散井1号（K1）	潜水	地下水流向中游	13m	0.15m	场内监测钻孔	

序号	地下水采样编号	地下水类型	地下水流场位置	埋深	井口直径	功能	水井结构照片
3	污染扩散井 2号 （K2）	潜水	地下水流向中游	8m	0.15m	场内监测钻孔	
4	污染监视井 1号 （J1）	潜水	地下水流向下游	10m	0.15m	场内监测钻孔	
5	污染监视井 2号 （J2）	潜水	地下水流向下游	10m	0.15m	场内监测钻孔	
6	污染监视井 3号 （J3）	潜水	地下水流向下游	—	—	砖厂生产用水	
7	污染监视井 4号 （J4）	潜水	地下水流向下游	—	—	非饮用生活用水	
8	污染监视井 5号 （J5）	潜水	地下水流向下游	3m	1.5m	弃用	
9	污染监视井 6号 （J6）	潜水	地下水流向下游	8m	0.5m	非饮用生活用水	
10	污染监视井 7号 （J7）	潜水	地下水流向下游	10m	0.5m	非饮用生活用水	

序号	地下水采样编号	地下水类型	地下水流场位置	埋深	井口直径	功能	水井结构照片
11	污染监视井8号（J8）	潜水	地下水流向下游	10m以上	—	饮用型生活用水	
12	污染监视井9号（J9）	潜水	地下水流向下游	7m	0.6m	农业用水	
13	污染监视井10号（J10）	潜水	地下水流向下游	7m	0.6m	弃用	
14	污染监视井11号（J11）	潜水	地下水流向下游	8m	0.6m	弃用	
15	污染监视井12号（J12）	潜水	地下水流向下游	2m	0.5m	弃用	

序号	地表水采样编号	断面结构
1	地表水上游1号	
2	地表水中游2号	
3	地表水下游3号	

1.3.3 枯水期采样点布置

枯水期设置地下水采样点15个,地表水采样点3个,土壤采样点3个,采样位置见附图3,采样点情况详见附表2。

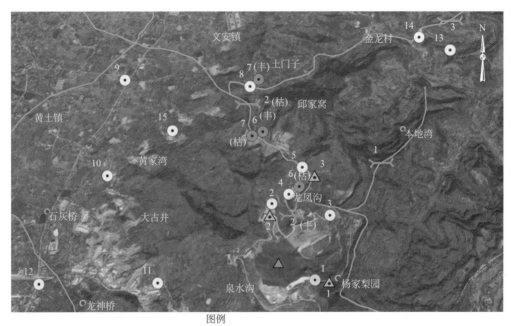

图例

⊙ 监视井变化点位　◉ 背景监测井　⊙ 污染扩散井　⤬ 地表水采样
▲ 垃圾填埋场　◎ 污染监视井　▲ 土壤采样点　——— 水系

附图3　枯水期采样位置

附表2　枯水期采样点情况

序号	地下水采样编号	地下水类型	地下水流场位置	埋深	井口直径	功能	水井结构照片
1	背景监测井 (B)	潜水	地下水流向上游	10m	0.5m	场内监测钻孔	
2	污染扩散井 1号 (K1)	潜水	地下水流向中游	7.36m	0.3m	场内监测钻孔	
3	污染扩散井 2号 (K2)	潜水	地下水流向中游	1.75m	0.3m	场内监测钻孔	

序号	地下水采样编号	地下水类型	地下水流场位置	埋深	井口直径	功能	水井结构照片
4	污染监视井1号（J1）	潜水	地下水流向下游	3.8m	0.15m	场内监测钻孔	
5	污染监视井2号（J2）	潜水	地下水流向下游	1.1m	0.15m	场内监测钻孔	
6	污染监视井3号（J3）	潜水	地下水流向下游	1.4m	0.15m	场内钻孔	
7	污染监视井4号（J4）	潜水	地下水流向下游	—	—	砖厂生产用水	
8	污染监视井5号（J5）	潜水	地下水流向下游	—	—	非饮用生活用水	
9	污染监视井6号（J6）	潜水	地下水流向下游	—	0.5m	非饮用生活用水	
10	污染监视井7号（J7）	潜水	地下水流向下游	10m	0.5m	非饮用生活用水	
11	污染监视井8号（J8）	潜水	地下水流向下游	10m以上	—	饮用型生活用水	

序号	地下水采样编号	地下水类型	地下水流场位置	埋深	井口直径	功能	水井结构照片
12	污染监视井 9 号 (J9)	潜水	地下水流向下游	—	0.6m	农业用水	
13	污染监视井 10 号 (J10)	潜水	地下水流向下游	7m	0.6m	生活用水	
14	污染监视井 11 号 (J11)	潜水	地下水流向下游	8m	0.6m	弃用	
15	污染监视井 12 号 (J12)	潜水	地下水流向下游	1.3m	0.5m	弃用	

序号	地表水采样编号	断面结构
1	地表水上游 1 号	
2	地表水中游 2 号	
3	地表水下游 3 号	

1.3.4 枯水期与丰水期采样点的对比和调整总结

在丰水期监测的基础上，对枯水期采样点的设置做了以下几个方面的调整：

① 在地表水采样点中，根据枯水期现场调查情况，将原来位于垃圾渗滤液厂门口的丰

水期地表水中游 2 号，下移到 204 厂门口桥下的沟渠内。

② 在地下水采样点中，枯水期增加了场内污染监视井数量，而减少了场外民井数量，即取消了丰水期的污染监视井 5 号（204 厂菜地内民井），增添了枯水期污染监视井 3 号（调节池 3 号坑旁场内钻孔）。目的是获得更多场内地下水的资料，便于更准确地分析填埋场地下水污染现状。

③ 枯水期调查增加了 3 个土壤采样点，对填埋场内的土壤进行了采样分析，以辅助地下水污染现状的分析。

1.4 采样方法

地下水样品采集参照《地下水质量标准》（GB/T 14848—2017）的相关要求进行。为保证所采水样充分代表地下水真实水质情况，提前一天洗井，将井中的存水抽取殆尽，并用塑料薄膜封住井口，以减少地表水和雨水对地下水水质的影响，等新水更替后再进行采样。

地表水样品采集参照《生活饮用水标准检验方法 水样的采集与保存》（GB/T 5750.2—2006）中的相关标准进行。水样采入容器后，立即加入保存剂保存，挥发类项目在标准允许保存时间内空运送达检测单位检验。

土壤样品采集参照《土壤环境监测技术规范》（HJ/T 166—2004）中的相关标准进行，分别采集表层土壤（0～0.2m）、浅层土壤（0.2～0.6m）和深层土壤（0.6m～地下水）三层土样。

1.5 分析指标的确定

根据研究目的和区域环境特征，从《地下水质量标准》（GB/T 14848—2017）规定的项目中选取了 36 项必测指标，并根据全国地下水基础环境调查规定的项目，选取了 12 项特征指标对地下水水样进行测定，如附表 3 所示。

附表 3 地下水测试指标

指标类别	测试指标
必测指标(36 项)	pH、色度、浑浊度、总硬度、溶解性总固体、硫酸盐、氯化物、总铁、总锰、总铜、总锌、钼、钴、挥发酚、阴离子表面活性剂、高锰酸盐指数、硝酸盐氮、亚硝酸盐氮、氨氮、氟化物、氰化物、总汞、总砷、总硒、总镉、六价铬、总铅、铍、钡、总镍、滴滴涕、六六六、总大肠杆菌数、细菌总数、α 放射性、β 放射性
特征指标(12 项)	苯、甲苯、二甲苯、乙苯、苯乙烯、苯并[a]芘、三氯甲烷、四氯甲烷、三溴甲烷、氯乙烯、氯苯、六氯苯

参考《地表水环境质量标准》（GB 3838—2002），并依据《地下水质量标准》（GB/T 14848—2017），将以上地下水分析指标分成 6 类，分别是：

① 常规理化指标：pH，总硬度，溶解性总固体，总铜（Cu），总锌（Zn），总镍（Ni），总铅（Pb），氯化物（Cl^-），硫酸盐（SO_4^{2-}），氨氮（NH_3-N），硝酸盐氮（NO_3^--N），亚硝酸盐氮（NO_2^--N），总铁（Fe），总锰（Mn）。

② 毒理学及重金属指标：总汞（Hg），六价铬（Cr^{6+}），总砷（As），总硒（Se），总镉（Cd），氟化物（F^-），氰化物（CN^-），钼（Mo），钴（Co），铍（Be），钡（Ba），滴滴涕（DDT），六六六，挥发酚。

③ 卫生学指标：总大肠杆菌数，总细菌数；

④ α放射性，β放射性。

⑤ 特征指标：卤代烃，三氯甲烷，四氯甲烷，溴二氯甲烷，溴仿，氯乙烯，氯代苯类，氯苯，单环芳烃，苯，甲苯，乙苯，二甲苯，苯乙烯，有机氯农药，六氯苯，多环芳烃，苯并[a]芘。

⑥ 好氧指标：阴离子合成洗涤剂，高锰酸盐指数。

根据研究目的和区域环境特征从《地表水环境质量标准》（GB 3838—2002）规定的项目中选取了 35 项指标对地表水样进行测定，如附表 4 所示。

附表 4　地表水体测试指标

指标类别	测试指标
必测指标（23 项）	pH、溶解氧、高锰酸盐指数、COD、BOD_5、氨氮、总磷、总氮、总锌、总硒、总砷、总汞、总镉、六价铬、总铅、氟化物、挥发酚、石油类、硫化物、硫酸盐、氯化物、硝酸盐氮、氰化物
特征指标（12 项）	苯、苯并[a]芘、苯乙烯、二甲苯、六氯苯、氯苯、氯乙烯、三氯甲烷、三溴甲烷、四氯甲烷、甲苯、乙苯

根据研究目的和区域环境特征从《土壤环境质量　农用地土壤污染风险管控标准》（GB 15618—2018）中规定的项目中选取了 14 项对土壤样进行测定，如附表 5 所示。

附表 5　土壤测试指标

指标类别	测试指标
重金属（8 项）	总镉、总铬、总铜、总锌、总锂、总铅、总汞、总砷
挥发性有机物（5 项）	六六六、滴滴涕、三氯甲烷、苯、甲苯
其他（1 项）	pH

1.6 质量控制

采样与检测工作由某市环境监测中心站和该市所在省的辐射环境管理监测中心站负责，该市环境监测中心站具有该市所在省的环境监测甲级资质，该市所在省的辐射环境管理监测中心站也是国家的重点辐射监测站。质控方法为在所有监测点中随机选择 20% 的监测点进行平行样分析和加标回收率法测定，数据具有可靠性。

附录2

焚烧厂土壤污染排查方案

2.1 某垃圾焚烧厂简介

根据《川环办函〔2018〕446号关于做好土壤污染重点监管单位土壤环境自行监测工作的通知》的规定,制定某垃圾焚烧厂土壤污染排查监测方案。垃圾焚烧厂与其污染问题简介见附表6。

附表6 垃圾焚烧厂与其污染问题

垃圾焚烧厂简介			
占地周边外环境	本项目东侧220m处为该市绕城高速,西侧分布有部分厂房,均为已搬迁后房屋,供生产用,项目西北侧400m处为真武村,项目北侧均为农田		
产品名称	发电	年产量/kW·h	240514470
生产工艺流程图			
主要原辅材料	名称	来源	2017年用量/t
	生活垃圾	城市垃圾	763472
	氢氧化钙	外购	14671.76

垃圾焚烧厂简介			
主要原辅材料	名称	来源	2017 年用量/t
	活性炭	外购	275.72
	尿素	外购	2441.98
生产状态	正常生产		
土壤污染风险源			
生产区	主厂房	主要污染物	废气、废水、固废
	渗滤液处理站		废水
	飞灰固化间		固废
储存区	炉渣输送区	主要污染物	重金属
	渗滤液收集池		有机物
	危废暂存间		重金属、二噁英
废气污染物	垃圾焚烧净化处理后的烟气及无组织排放废气		
废水污染物	生活污水、生产废水	处理方式	生活污水经厂内化粪池处理达三级排放标准后排入市政污水管网;生产废水经相应处理达三级排放标准后进入市政污水管网
目前存在的环境风险问题	(1)原料油输送管线泄漏时会产生环境风险; (2)主厂房、渗滤液存在爆炸等事故引起的环境风险		

2.2 土壤监测

根据《北京市重点企业土壤环境自行监测技术指南（暂行）》（2018 年 5 月）和《在产企业土壤及地下水自行监测技术指南》（征求意见稿）的要求，本次土壤监测采用专业判断布点法在重点污染隐患的区域监测布点，其他非重点区域选用分区布点法进行布点。根据前文场地地质条件分析及场地平面布置，本次将在飞灰库旁、废气排气筒东侧、主厂房大门绿化处、渗滤液处理系统处、冷却水处理系统处、生活办公区域进行土壤监测，并在厂区外东北侧布设 1 对照点。

本项目属于垃圾焚烧发电行业，根据污染识别的结果，将土壤的监测项目定为：镉、铅、铬、铜、锌、镍、汞、砷、锰、钴、硒、钒、锑、铊、铍、钼、二噁英。

2.3 地下水监测

根据《北京市重点企业土壤环境自行监测技术指南（暂行）》（2018 年 5 月）和《在产企业土壤及地下水自行监测技术指南》（征求意见稿）的要求，需在重点污染区下游布点，本项目地下水监测点位布设于污水处理站北侧、循环水处理系统南侧。并在厂区生活办公区域西侧作为背景地下水监测点。

监测因子：pH、挥发酚、溶解性总固体、高锰酸盐指数、氨氮、六价铬、总细菌数、总大肠杆菌数、氯化物、硫酸盐（以 SO_4^{2-} 计）、硝酸盐（以 N 计）、亚硝酸盐（以 N 计）、钙、镁、镉、铅、铬、铜、锌、镍、汞、砷、锰、钴、硒、钒、锑、铊、铍、钼。监测信息如附表 7 所示。

附表 7　土壤及地下水监测信息表

点位编号	监测点位	监测项目	取样深度
土壤			
T1	场地东北侧 50m 处（背景点）	镉、铅、铬、铜、锌、镍、汞、砷、锰、钴、硒、钒、锑、铊、铍、钼	0～0.2m
T2	10kV 配电室		0～0.2m
T3	主厂房大门绿化处		0～0.2m
T4	飞灰库旁绿化处		0～0.2m
T5	渗滤液处理系统排口		0～0.2m
T6	渗滤液收集池口		0～0.2m
T7	垃圾坑旁	镉、铅、铬、铜、锌、镍、汞、砷、锰、钴、硒、钒、锑、铊、铍、钼、二噁英	0～0.2m
地下水			
点位编号	监测点位	监测项目	
D1	厂区地下水监测井（生活办公区域西侧）	pH、挥发酚、溶解性总固体、高锰酸盐指数、氨氮、六价铬、总细菌数、总大肠杆菌数、氯化物、硫酸盐（以 SO_4^{2-} 计）、硝酸盐（以 N 计）、亚硝酸盐（以 N 计）、镉、铅、铬、铜、锌、镍、汞、砷、锰、钴、硒、钒、锑、铊、铍、钼	
D2	厂区地下水监测井（污水处理站北侧）		
D3	厂区地下水监测井（循环水处理系统南侧）		

2.4　监测点位示意图

本项目的土壤及地下水监测布点如附图 4 所示。

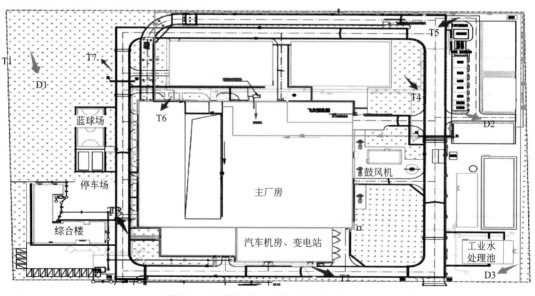

附图 4　土壤及地下水监测布点示意图

附录3

在线监测系统设计案例

3.1 在线监测内容

我国目前的城市污水处理管理，存在着较大的问题，因为我国的城市污水处理系统有待进一步改善，同时污水处理设备不够完善，我国大多数污水处理厂的实际操作运行人员中，在污水处理上真正熟练掌握运行管理技术的工程人员不多，大部分的工作人员在污水处理的专业问题及相关技术层面上达不到要求，进而使得我国有些城市虽然建设成功一些污水处理工厂，但是由于专业技术操作人员及污水管理系统人员的缺乏，不能够保障污水处理厂按照设计要求高效率运转并完成污水处理工作。同时在污水处理系统中，缺乏科学有效的管理，因此，在管理层面上也存在着众多的缺陷和不足。

为了更高效地实施污水处理，把运行管理人员和污水处理过程有机地结合在一起，在线监测系统可以起到很好的辅助作用。在线监测系统是一套以在线自动分析仪器为核心，运用现代传感器技术、自动测量技术、计算机应用技术及相关专业分析软件和通信网络所组成的综合性的系统。系统通过实时在线水质监测设备对水源地水质情况进行自动化监测，记录取样口水质变化趋势，并对水质变化进行预报、预警，保障系统的高效运行，有效阻止事故的发生。同时通过安装视频监控摄像头实时监控设备安全状况，确保厂区生产安全。在集中控制中心将实现整个厂区的设备状态监控，对整个厂区的控制设备进行远程控制，实时掌握厂区设备运行状态，减轻工作人员的劳动强度，同时系统将对历史数据进行实时记录，为领导决策提供丰富的数据支持。

本次在线监测系统的设计对象为某市污水处理厂，该污水处理厂的服务范围为某市中心城区第6排水分区，区界为府河中上游（至九里堤）、商贸大道东侧、站西路、荷花池路、北站东一路、平福路、华油路、建设巷、沙河西路、新鸿路北侧、东风渠，服务面积为63.9km²。在污水处理厂服务范围内，分流制排水系统已形成，受纳水体为位于污水处理厂东侧的沙河。通过对污水处理厂进行在线实时监测、数据的远程传送和实时发布，实现污水处理厂的运行调度和预警处置的自动化管理。以污水处理厂运行过程的水质作为在线监测对象，通过分析各环节出水水质监测水厂的水处理效果。监测点位及监测项目的具体设置见附表8。

附表8　监测点位与监测项目

监测点位	监测项目
粗、细格栅	温度、液位
沉砂池	温度、液位
集水井	液位
鼓风机房	压力
泵房	压力
一体生化池	液位、温度、pH、ORP、DO、COD_{Cr}、BOD_5、TP、TN、NH_3-N
膜池	液位、温度、pH、DO、COD_{Cr}、BOD_5、TP、TN、NH_3-N、SS
消毒渠	微生物、流量、余氯
储泥池	温度、液位
进出水管渠	流量、pH、COD_{Cr}、BOD_5、TP、TN、NH_3-N、SS

根据现有的一些在线监测系统分析，结合污水处理厂的实际情况，将整个水处理流程分成进水系统、除砂系统、进水检测系统、生化处理系统、深度处理系统、污泥处理系统。

① 进水系统　进水系统分为粗格栅和提升泵，格栅采用回转式，分为$1^\#$、$2^\#$，提升泵分为$1^\#$、$2^\#$、$3^\#$，同时运行两个提升泵，第三个作为备用。

在该系统中，粗格栅同时运行两台，粗格栅间是根据设定的栅前栅后液位差或定时开、停机，粗格栅由超声波液位计检测，由PLC自动控制系统判断格栅前后的液位差是否达到设定值，进行启停控制运行。提升泵同时运行两台来达到所需的条件，另一台在紧急情况下备用。泵房内水泵的开启台数及变速泵的转速都是由PLC自动控制系统根据集水池液位的变化进行自动控制。另外还可以利用PLC自动控制系统的计时和计数功能，记录每台泵的工作时间，然后自动切换运行泵和备用泵，使各泵运行时间基本一致，延长泵的使用寿命。

② 除砂系统　除砂系统由细格栅和曝气沉砂池组成，主要是对污水进行物理处理，降低污水的浊度（SS）。细格栅同样分为细格栅$1^\#$和$2^\#$，曝气沉砂池的鼓风机分为$1^\#$、$2^\#$、$3^\#$，同时运行两台，第三台备用。细格栅的工作原理与粗格栅一样。

曝气沉砂池排泥泵根据污泥井中液位计来控制，排泥阀定时开启，排渣阀根据连续运行的刮泥机周期定期开启，一般应在刮泥机行进至排渣阀前一段距离时开启，然后延时一段时间关闭。

③ 进水检测系统　根据国家相关规定，在细格栅之后需要对污水处理厂的进水水量、酸碱度（pH）、浊度（SS）、化学需氧量（COD）、氨氮（NH_3-N）等指标进行检测，因此需要设置相应的电磁流量计、pH在线自动监测仪、SS在线自动监测仪、COD在线自动监测仪、氨氮在线自动监测仪等，这部分数据不仅需要上传到污水处理厂控制室，还需要上传到当地环保主管部门。

④ 生化处理系统　该阶段主要包括AAO生物反应池（主要分为厌氧池、缺氧池及好氧池）、鼓风机房、污泥泵房、二沉池及加药部分。主要需要参与连锁控制的工艺设备为鼓风机及回流污泥泵等，生物处理阶段是整个污水处理厂的核心部分，是影响出水水质的

关键。

在 AAO 生物反应池的厌氧池设置在线氧化还原电位（ORP）测定仪，检测厌氧池的厌氧程度；在缺氧池设置在线溶氧（DO）测定仪，检测缺氧池的溶氧浓度值。根据厌氧池和缺氧池的溶氧值控制污泥回流量，为污泥反硝化和磷的释放提供良好的反应条件，确保生物除磷、脱氮的效果。在好氧池的中部与尾部设置在线溶氧（DO）测定仪及在线污泥浓度（MLSS）测定仪，检测好氧池的溶氧浓度值及污泥浓度值，根据溶解氧含量进行数字电视（PID）变频控制。PLC 自动控制系统控制污泥泵的启停，利用传感器检测污泥回流池中的污水水位，达到设定值时发出相应信号，控制污泥泵启停。

在鼓风机的出风管设置热值式空气流量计及压力变送器，热值式空气流量计既可以检测鼓风机的曝气量又可以检测空气温度，根据好氧池中溶解氧的含量调节风量。

在污泥泵房设置超声波液位计，检测污泥泵房的液位值，用于对污泥泵的启动、停止进行控制。

⑤ 深度处理系统　该阶段主要包括滤池和消毒池及出水水质、流量检测部分。滤池需要使用刮泥机，定时对池底沉淀下来的污泥进行清除。消毒池需要使用加氯器，向处理过后的水中投加氯制剂进行消毒杀菌处理，氯的投加采用二次加氯方式，即前加氯和后加氯。前加氯为按原水流量比例投加；后加氯为流量比例和出水余氯反馈构成的复合环控制系统，需安装余氯自动监测设备。

出水部分水量、水质监测主要设置电磁流量计、pH 在线自动测定仪、SS 在线自动测定仪、COD 在线自动监测仪、氨氮在线自动监测仪及总磷在线自动监测仪。该部分仪表检测的数据既需要上传到中央控制室，也要上传到当地环保主管部门，作为污水厂收费及达标排放的依据。

⑥ 污泥处理系统　污泥处理阶段主要指剩余污泥的脱水、浓缩、暂时储存及外运等，是整个污水处理工艺的附加阶段。污泥处理系统主要设备有污泥浓缩池刮泥机及排泥阀、污泥脱水机、脱水车间自动加药系统、污泥投配泵等。污泥脱水机采用带式压滤机，每台自带一小型 PLC 控制器，用来控制污泥脱水机、污泥投配泵、反冲洗泵、污泥传送带等。污泥脱水机和污泥投配泵均根据流量采用变频调速控制，浓缩池刮泥机按设定的速度连续运行，排泥阀根据储泥池的液位来进行控制，脱水间自动加药系统中的加药泵根据流量和设定的加药比控制，溶药搅拌设备的运行根据时间控制。

在整个 PLC 自动控制系统中，所有仪器数据都要上传到 PLC 总系统中，除此之外，进水检测系统和出水检测系统的数据还要上传到当地环保主管部门，总系统由工作人员在监控室进行监控和操作。污水处理流程中每一个系统由一个单独的 PLC 子系统进行处理，仪器的启停可由监控室总系统控制，每一个 PLC 子系统单独控制及现场工作人员手动启停，三种控制方式互相结合以达到对整个污水处理厂在线自动控制的目的。

污水处理厂仪器在线监测和自控系统如附图 5 所示。

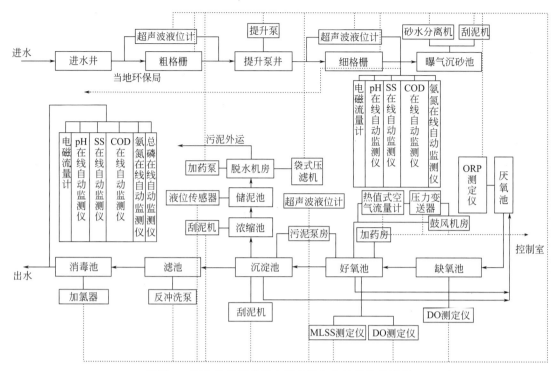

附图 5　污水处理厂仪器在线监测和自控系统设计图

3.2 在线监测系统结构

在线监测系统主要分为自动化控制系统、水样采集及预处理单元、水质分析仪器单元、系统自维护系统、运行环境支持系统、视频监视系统、控制与数据采集传输系统。系统由中控室和多个控制单元组成，各控制站采用 PLC 自动控制系统对设备进行控制和数据采集，通过有线、无线相结合的通信方式，实现集中监控管理、集中数据共享。控制模式上采用中控室和现场手动操作的两级控制模式，如附图 6 所示。

水质在线监测系统结构如附图 7 所示。具体系统单元见附表 9。

附表 9　水质在线监测系统单元

系统单元	单元组成
主要单元	取水系统;水样预处理系统;配水系统;分析仪器单元;排水系统;废液收集系统;控制和数据采集/传输系统
辅助单元	稳压＋UPS 组合系统;防雷系统;清洗系统;防藻系统;动环系统;质控系统

水质在线监测系统的各个单元/系统收集实时数据后，运行水质参数与正常工作水质参数比较，判断有无异常现象。如果出现明显超出正常运行参数范围的情况，系统将会报警，提示工作人员检修。系统会整合每月、每季度和每年的监测数据，汇总提供最近一期的运行情况，以便工程师调节各个系统的工作运行参数，提高污水处理厂的工作效率。

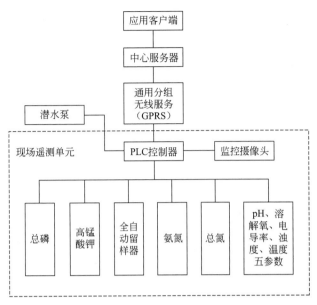

附图 6　水质在线监测系统结构（一）

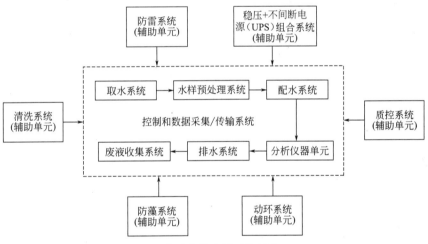

附图 7　水质在线监测系统结构（二）

3.3 主要设备技术参数

主要在线监测仪器设备的技术参数见附表 10。

附表 10　主要在线监测仪器的技术参数

仪器	工作原理	测量范围
DL2001A 氨氮在线监测仪	《水质 氨氮的测定 水杨酸分光光度法》（HJ 536—2009）	
DL2001ACOD$_{Cr}$在线监测子系统	重铬酸钾高温消解，比色测定，流动注射分析	0～10000mg/L 或更大

仪器		工作原理	测量范围
水质多参数原位分析仪	pH	玻璃电极法	0～14
	溶解氧	荧光法	0～20mg/L
	浊度	光散射法	0～500NTU
	电导率	四极式电导池法	0～$3×10^5$mS/cm
	温度	温度传感器法	0～60℃
	ORP	电极法	－1200～1200MV
TNP-4200 在线总氮总磷分析仪		碱性过硫酸钾消解紫外分光光度法（HJ 636—2012）采用磷钼蓝比色法（GB 11893—1989）	总氮（TN，以 N 计，单位 mg/L）：2/5/10/20/50/100/200；总磷（TP，以 P 计，单位 mg/L）：0.5/1/2/5/10/20/50/100
WL-1A1 明渠流量计		超声波回声测距法	10L/s～$10m^3/s$
余氯		比色法	0～10mg/L，分辨率：0.01mg/L

附录4

实习安全纪律与注意事项

鉴于参与工业生产与污染控制综合实习的学生人数较多,因此,每位同学必须严格遵守相关规范与规定,做到以下几点:

① 明确目的,端正态度。自觉服从带队老师及实习单位的组织领导和安排。实习期间,不准顶撞领导和指导老师,不准与实习单位人员发生冲突。

② 严格考勤,遵纪守法。严格遵守实习单位的一切规章制度和纪律要求,努力做到实习中不迟到、不早退、不无故缺勤,有特殊紧要的事情须向带队老师办理请假手续,得到批准后方能离开。

③ 听从指挥,注意安全。实习期间务必听从带队老师和实习指导工作人员的安排,注意安全,实习课程期间不得大声喧哗;行走时注意礼让,严禁嬉戏打闹,严格按照现场参观路线行走,不得在安全未知的地方停留,不准擅自触碰仪器设备按钮进行操作,坚决杜绝一切安全问题的出现。

④ 珍惜机会,用心总结。珍惜难得的实习机会,多思考、多请教、多总结,并及时与同学交流实习心得体会。

附录5

实习过程的要求

工业生产与污染控制综合实习围绕水、气、固处理工艺及环境分析监测设置实践教学内容，联系了多家能够开展以上实践教学内容的教学实习单位。针对具体的实习流程及实习要求，必须做到以下几点：

① 整个实习流程按照实习理论讲授、现场参观、实习总结与分析和实习汇报与讨论进行。努力做到准备充分、讨论彻底、参观深入和总结到位。

② 结合老师的理论授课，充分做好现场参观前的实习准备工作，包括查阅相关工业生产和污染控制资料，做好预习笔记；理论授课后做好小组讨论与分析，准备好到现场参观所涉及的相关问题，以便进行现场提问。

校内实习准备主要完成：

a. 教师课堂讲解生产工艺。

b. 学生初步讨论产污环节、污染物特征，并提出初步设计方案。

c. 教师具体讲解生产单位的实际处理工艺。

d. 学生分组，每组提出需要了解和解决的问题。

③ 现场参观期间，做好实习内容、照片、文字资料等信息采集，积极主动与现场指导老师和工作人员沟通交流。

现场参观主要完成：

a. 核实产污环节，明确污染物的种类、数量。

b. 参观三废处理工程，寻找现在可能存在的问题。

c. 了解公司的环保管理机构设置、规章制度、考核评估等。

d. 解答理论课提出的问题。

④ 参观实习结束后，以小组为单位做好实习的总结与分析，完成汇报 PPT 及实习报告撰写。PPT 的制作及汇报要求如下：

a. 汇报时间：15～20min。

b. 必备内容：产污环节分析、处理工艺评价及工艺改进、环境管理情况及改进建议和自由发挥内容。

附录6

实习成绩考察要求

实习成绩主要由实习考勤（10%）、实习记录（15%）、实习汇报（30%）和实习报告（45%）组成。对各部分的说明如下。

实习考勤主要包括课堂和参观现场考勤，无正当理由的缺席，每次扣1分。

实习记录主要包括实习前的预习记录、课堂笔记及讨论记录、现场参观记录等。该部分按个人实习记录本记录情况进行考核，小组长负责记录课堂表现，包括提问、回答问题和小组参与等。

实习汇报以小组进行考核，每人至少讲1次，组长进行分工，尽量保证组内成员的工作量得到平均分配。

实习报告以小组为单位提交，明确每个人的贡献，实习报告每部分内容提纲必须包括但不仅限于以下内容：

1. 实习单位的基本简介

2. 生产工艺及产污环节分析

3. 三废治理措施分析

3.1 三废治理措施现状

3.2 三废治理问题分析

3.3 三废治理改进方向与措施

4. 环境管理分析

4.1 环境管理现状

4.2 环境管理问题分析

4.3 环境管理改进建议

5. 小结

注：每组实习报告最后附每位组员的实习心得，每人不少于800字，考核占比5%。

特殊说明：如学生不参加集中实习，必须满足以下条件，并提前办理好相关手续。

① 必须签订了三方就业协议。

② 必须签订安全协议。

③ 必须制订了完整实习计划。

④ 实习结束后成绩单独评定。

⑤ 相关资料需在实习开始前3天交给相关实习指导老师，经系主任批准后方可不参加集中实习。

参 考 文 献

[1] 陈忠荣，寇文杰，洪梅．城市生活垃圾填埋场污染风险评价 [J]．城市地质，2012 (3)：16-20．

[2] 程汉超．啤酒企业清洁生产实践研究 [D]．济南：山东师范大学，2008．

[3] 凤凰网．2016 年中国啤酒产销量及行业发展趋势 [DB/OL]．https://jiu.ifeng.com/a/20170814/44662616_0.shtml．

[4] 郭志光，马明磊，刘斌，等．污泥处理处置技术研究进展 [J]．河北地质大学学报，2019，42 (1)：65-69．

[5] 洪梅，张博，李卉，等．生活垃圾填埋场对地下水污染的风险评价——以北京北天堂垃圾填埋场为例 [J]．环境污染与防治，2011，33 (3)：88-91．

[6] 胡桂川，朱新才，周雄．垃圾焚烧发电与二次污染控制技术 [M]．重庆：重庆大学出版社，2011．

[7] 荆慧．生活垃圾焚烧厂烟气净化处理技术分析 [J]．化学工程与装备，2019 (2)：285-287．

[8] 巨石集团成都有限公司年产二十五万吨玻璃纤维池窑拉丝生产线项目环境影响报告表 [R]．四川省环科源科技有限公司，2018．

[9] 李萌，李风海，刘全润．典型工业污泥综合利用的研究进展 [J]．应用化工，2018，47 (8)：236-239，243．

[10] 李时宇，刘汝杰，屠健．生活垃圾焚烧烟气净化处理技术 [J]．电站系统工程，2017 (6)：83-84．

[11] 黎子玲．ISO 14000 环境管理体系在现代企业中的建立及应用 [J]．中国高新技术企业，2016 (2)：85-86．

[12] 李艳春．城镇污水处理厂臭气源密封方式及除臭工艺简述 [J]．环境保护与循环经济，2017 (12)．

[13] 刘锴，何群彪，屈计宁．城市污水处理厂臭气问题分析与控制 [J]．上海环境科学，2003 (S2)：4-7．

[14] 刘少非．成都市第四污水处理厂 A²O 工艺处理效果研究 [D]．成都：西南交通大学，2017．

[15] 刘天成．关于欧盟 RoHS2.0 指令及应对 [J]．覆铜板资讯，2013 (5)：8-12．

[16] 刘鑫，马兴高，雷宏军，等．北京市典型垃圾填埋场地下水污染风险评价 [J]．华北水利水电学院学报，2012 (4)：97-100．

[17] 刘雨浓，于可利，邱金凤，张贺然．欧盟 WEEE 指令简析 [J]．资源再生，2018 (8)：62-64．

[18] 毛凯，丁海霞，崔小爱．生活垃圾焚烧发电烟气处理技术综述及其优化控制建议 [J]．污染防治技术，2018，31 (5)：14-17，43．

[19] 沈淞涛，杨顺生，方发龙，陈亚平．啤酒工业废水的来源与水质特点 [J]．工业安全与环保，2003 (12)：3-5．

[20] 四川长虹格润再生资源有限责任公司废弃电器电子产品处理结构优化技改项目环境影响报告书 [R]．信息产业电子第十一设计研究院科技工程股份有限公司，2017．

[21] 四川省环科源科技有限公司：成都市兴蓉集团再生能源有限公司成都市固体废弃物卫生处置场渗滤液处理扩容工程（三期）环境影响报告书（公示本）[R]．成都，成都市政府信息公开，2017 [2019-07-20]．http://gk.chengdu.gov.cn/govInfoPub/detail.action? id=1828480&tn=2．

[22] 四川省环境保护科学研究院．成都市九江环保发电厂环境影响报告书 [R]．成都市工程咨询公司，2008．

[23] 王红青，郭敏丽．非正规垃圾填埋场地下水的污染评价及防控对策 [J]．山西能源与节能，2009 (6)：47-50．

[24] 王建飞，纪华．非正规垃圾填埋场地下水污染风险评价分级方法研究 [J]．工程勘察，2010 (S1)：791-796．

[25] 王金波，江家骅，梁晓菲．生活垃圾焚烧厂烟气净化工艺选择及案例分析 [J]．环保科技，2008，14 (3)：22-27．

[26] 吴玮．关于环境管理体系对企业管理的促进作用分析 [J]．低碳世界，2018 (1)：16-17．

[27] 吴重实，郑德会．成都市长安垃圾填埋场填埋气体产气规律及其应用研究 [J]．环境卫生工程，2012，20 (5)：46-48．

[28] 肖作义，杨泽茹，郑春丽，等．生物滤池法去除城市污水处理厂臭气运行实践 [J]．应用化工，2019 (3)：537-540．

[29] 谢文垠．城市垃圾填埋场地下水有机污染物迁移模拟 [D]．成都：成都理工大学，2009．

[30] 杨列，谢文刚，陈思，等．基于 AHP 的武汉市金口生活垃圾填埋场稳定化评价 [C]．矿化垃圾资源化利用与填埋场绿化技术研讨会论文集，2011：57-61．

[31] 杨华，薛东卫，赵运武，等．浅论垃圾焚烧烟气处理技术 [J]．机械，2003 (5)：4-6．

[32] 杨伟华，邹克华，李伟芳，等．污水处理厂臭气浓度预测方法及愉悦度评价 [J]．环境污染与防治，2018，40 (11)：107-110．

[33] 赵珊，杜亚峰，王东升，等．污水厂除臭工程技术路线选择 [J]．净水技术，2017 (5)：99-104．

[34] 张行思．工业污泥、生物质气化资源化处置工艺实验研究 [D]．北京：北京化工大学，2018．

［35］ 周天水，崔荣煜，王东田，等 . 市政污泥和工业污泥资源化处置利用技术［J］ . 环境科学与技术，v.39（S2）：251-255.

［36］ 周思达 . 生活垃圾焚烧烟气污染物净化工艺分析和选择［J］. 环境与发展，2017，29（3）：57-59.

［37］ 朱盛胜，陈宁，李剑华 . 城市污泥处置技术及资源化技术的应用进展［J］. 广东化工，2018，45（24）：34-38.

［38］ 中国产业信息网 . 2016 年我国污泥处理产业发展现状及投资前景分析［DB/OL］. http：//www.chyxx.com/in-dustry/201512/367921.html.

［39］ 中国石油和化学工业联合会 . 石油和化工行业绿色发展面临的形势［J］. 化工管理，2016（22）：16-16.

［40］ 中华人民共和国住房和城乡建设部 . 城镇污水处理厂臭气处理技术规程［S］. 北京：中国建筑工业出版社，2016.